《花椒高效栽培技术与病虫害防治图谱》

.... 编委会 ....

主　编　孙　磊　杨亚刚

副主编　路　平　李　菲

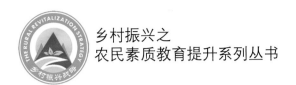

乡村振兴之
农民素质教育提升系列丛书

花椒 高效栽培技术与病虫害防治图谱

◎ 孙 磊 杨亚刚 主编

中国农业科学技术出版社

图书在版编目（CIP）数据

花椒高效栽培技术与病虫害防治图谱 / 孙磊，杨亚刚主编 . —北京：中国农业科学技术出版社，2019.7

乡村振兴之农民素质教育提升系列丛书

ISBN 978-7-5116-4108-3

Ⅰ. ①花… Ⅱ. ①孙… ②杨… Ⅲ. ①花椒—栽培技术—图谱 ②花椒—病虫害防治—图谱 Ⅳ. ①S573-64 ②S435.73-64

中国版本图书馆 CIP 数据核字（2019）第 059324 号

责任编辑　徐　毅
责任校对　马广洋

出 版 者　中国农业科学技术出版社
　　　　　北京市中关村南大街12号　　　邮编：100081
电　　话　（010）82106631（编辑室）　（010）82109702（发行部）
　　　　　（010）82109709（读者服务部）
传　　真　（010）82106631
网　　址　http://www.CASTP.cn
经 销 者　全国各地新华书店
印 刷 者　固安县京平诚乾印刷有限公司
开　　本　880mm×1 230mm　1/32
印　　张　3.375
字　　数　105千字
版　　次　2019年7月第1版　　2019年7月第1次印刷
定　　价　28.00元

我国农作物病虫害种类多而复杂。随着全球气候变暖、耕作制度变化、农产品贸易频繁等多种因素的影响，我国农作物病虫害此起彼伏，新的病虫不断传入，田间为害损失逐年加重。许多重大病虫害一旦暴发，不仅对农业生产带来极大损失，而且对食品安全、人身健康、生态环境、产品贸易、经济发展乃至公共安全都有重大影响。因此，增强农业有害生物防控能力并科学有效地控制其发生和为害成为当前非常急迫的工作。

由于病虫防控技术要求高，时效性强，加之目前我国从事农业生产的劳动者，多数不具备病虫害识别能力，因混淆病虫害而错用或误用农药造成防效欠佳、残留超标、污染加重的情况时有发生，迫切需要一部通俗易懂、图文并茂的专业图书，来指导农民科学防控病虫害。鉴于此，我们组织全国各地经验丰富的培训教师编写了一套病虫害防治图谱。

本书为《花椒高效栽培技术与病虫害防治图谱》。首先，从花椒的特性和品种、花椒园建立与花椒树的管理、花椒的采收与采后处理等方面对花椒栽培加工技术进行了简单介绍；接着精选了对花椒产量和品质影响较大的19种病害和11种虫害，以彩色照片配合文字辅助说明的方式从病害（为害）特征、发病规律和防治方法等进行讲解。

　　本书通俗易懂、图文并茂、科学实用，适合各级农业技术人员和广大农民阅读，也可作为植保科研、教学工作者的参考用书。需要说明的是，书中病虫草害的农药使用量及浓度，可能会因为花椒的生长区域、品种特点及栽培方式的不同而有一定的区别。在实际使用中，建议以所购买产品的使用说明书为标准。

　　由于时间仓促，水平有限，书中存在的不足之处，欢迎指正，以便及时修订。

编　者

2019年2月

CONTENTS 目 录

第一章
花椒的特性和品种

一、花椒的形态特征

花椒树（图1-1）为落叶小乔木或灌木，树高3～7m，从根基至树梢可区分为根茎、主干、主枝及侧枝四大部分，枝干上的树皮深灰色，粗糙，生皮刺，老树干上常有木栓质的疣痂状突起。小枝条灰褐色，上面生有细而稀的毛或无毛。

花椒树叶比较小，特别小叶有短柄，5片、7片、9片或11片左右，对生于一长柄上，称为奇数羽状复叶。着生小叶片的长柄称为叶轴或总叶柄，总叶柄和叶面均生有小刺；小叶片边缘的齿钝、不尖，两齿之间的间隙生长有褐色或半透明状的油腺，对着阳光观察可见小叶片的叶面上散布透明状的腺点，叶片正面光绿色，背面灰绿色，仔细观察可见叶面上常生有极细的针状刺和褐色毛簇；叶轴边缘有极窄的薄脊，是为轴翅，叶轴上面常呈沟状下陷，其基部两侧的树皮上常生有一对扁而宽的皮刺；叶轴着生处的基部上方称为叶腋，芽就着生在叶腋处。花集中生于小枝的顶端、圆锥状，称聚伞圆锥花序。

图1-1　花椒树

花黄白色，雌雄同株或异株，异花授粉；花无花瓣及萼片之分，只有花被片4～8片；雄花有雄蕊5～7枚，雌花心皮3～4个，子房无柄。

花谢后所结果实叫蓇葖果，果实球形，直径4～6mm，1～3个集中着生在一起，果柄极短，成熟时褐红色或紫红色，密生疣状突起的腺点。种子圆珠状，多为1粒，有光泽，直径3.5cm。

二、花椒的生长发育特性

从种子萌芽生长形成一个新个体到植株衰老死亡的过程，称为个体发育过程，也称生命周期。可分幼龄期、结果初期、盛果期和衰老期4个阶段。一般花椒树寿命40年左右，多的可达50～60年。

1. 幼龄期

从种子萌发出苗到开始结果以前为幼龄期，也称营养生长期，一般为2～3年。这一时期以顶芽的单轴生长为主，分枝少，营养生长旺盛，是树冠骨架的建造时期，对一生发育有着重要影响。生产中应加强管理，迅速扩大树冠，合理安排树体结构，培养良好树形，保证树体正常生长发育，促进早结果。

2. 结果初期

从开始开花结果到大量结果初期，也称生长结果期。花椒树3年即可少量开花结果，4～5年后相继增加。该期的前期，树体长势仍然很旺，分枝量增加，骨干枝不断向四周延伸，树冠迅速扩大，是一生中树冠扩展最快的时期。但由于树体制造的养分主要用于生长，单株产量偏少。随着树龄的增大，结实量每年递增0.5～2倍。初期多以中长果枝结果，随后中短果枝结果增多，结果的主要部位由内膛逐年向外扩展。结果初期的果穗大，坐果率高，果粒也大，色泽鲜艳。这一时期的主要任务是尽快完成骨干枝的配备，培养好主、侧枝，保证树体健壮生长，以利早期丰产。生产中应顺应生长结果期的特性，多培育侧枝及结果枝，为树冠形成后获取高产奠定基础。

3. 盛果期

开始大量结果到衰老以前为盛果期。此期，结果枝大量增加，产量达到高峰，根系和树冠均扩大到最大限度。一般定植10年以后即进入盛果期。突出特点是果实产量显著提高，单株产鲜椒5～10kg、干果皮1～2kg。这一阶段持续时间的长短，取决于立地条件和管理技术，一般年限为10～15年，甚至达20年以上。此期如果管理不善会出现大小年结实现象，使产量下降，还会加快衰老。

4. 衰老期

植株开始衰老，一直到树体死亡。这一过程单株产量达到顶峰期，因营养连续偏向用于生殖生长，树体逐年衰退，主枝、小枝及果枝趋于老化，冠内出现枯枝。一般情况下，树龄达20~35年，根系、枝干进一步老化，枯枝增多，开始进入衰老期，表现为生活功能衰退、新枝生长能力显著减弱、内膛和背下结果枝组大量死亡、部分主枝和侧枝先端出现枝梢枯死现象、结果枝细弱短小、内膛萌发大量徒长枝、产量递减。衰老后期，二级、三级侧根和大量须根死亡，部分主枝和侧枝枯死，内膛出现大的更新枝，向心生长明显增强；同时，坐果率很低，果穗很小，往往果穗只有几粒果实，产量急剧下降。这一时期栽培管理的主要任务是加强树体保护，减缓衰老；同时，要有计划地培养更新枝，进行局部更新，使其重新形成新的树冠，恢复树势，保证获得一定的产量。

三、花椒的品种选择

花椒是一种栽培历史悠久的香料植物，在人工栽培中，逐渐选育出适宜不同产区的种质资源，形成丰富的栽培品种。下面介绍几个常见的花椒栽培品种。

1. 无刺椒

无刺椒树势中庸（图1-2），枝条较软，结果枝易下垂，新生枝灰褐色，多年生枝浅灰褐色，皮刺随树龄增长逐年减少，盛果期全树基本无刺。奇数羽状复叶，小叶7~11片，叶色深绿，叶面较平整，呈卵状矩圆形。果柄较长，果穗较松散，每果穗结果50~100粒，最多可达150粒。果柄较短，果穗紧密。果粒中等大，直径5.5~6mm，鲜果浓红色，干制后大红色，鲜果千粒重150g左右，最大千粒重可达200g。7月中下旬（云南、重庆一带）至8月中下旬（冀南太行山区）成熟。成熟果枣红色，干制比4∶1。物候期与大红袍一致，同等立地条件下，一般较大红袍增产25%左右。品质优，可达国家特级花椒标准。

图1-2　无刺椒

2. 大红袍

大红袍别名凤椒、狮子头、太红椒、疙瘩椒。树高2~4m，枝形紧凑，长势强，分枝角度小，半开张。叶深绿色、肥厚，小叶5~11片，叶片广卵圆形，叶尖渐尖。多年生茎干灰褐色，节间较短。果梗粗壮，果穗大、紧密，每穗有果30~60粒，多者达百粒以上。果实近于无柄，处暑后成熟，熟后深红色，晾晒后颜色不变，表面有粗大的疣状腺点。千粒鲜重

85～92g，出皮率32.4%，干果皮千粒重29.8g，4～5kg鲜果可晒干1kg。1年生苗高达1m，3年生树即可挂果，10年生树单株产干椒1～1.8kg，15年生树一般株产量4～5kg、最高可达6.5kg，25年后仍有1.7～4.1kg的产量。果粒大，果粒直径5～5.6mm，纵横径比值近1∶1；色泽鲜艳，品质好。枝干皮刺少，采摘比较方便。喜肥水，抗旱性、抗寒性较差，若立地条件瘠薄，易形成小老树。

3. 秦安1号

秦安1号是20世纪90年代甘肃省秦安县从大红袍中选育出的优良短枝型新品种，也称大狮子头。早熟、丰产、优质，性状稳定，抗逆性强，采摘容易，适生范围广。1～2年生苗木枝条绿红色，小叶边缘锯齿处腺体更明显，小叶9～11枚。叶大、肉厚，皮刺大，叶片正面有些突出的较大的刺，背面有些不规则的小刺。1年生苗高20～35cm，地径0.4～0.6cm。3～5年生树，树皮青绿色、微黄，自然成形，主、侧枝相当明显。侧枝一般3～6个，丛生枝、徒长枝少，结果枝多。短枝比例90%以上，平均成枝率1%。结果枝一般长7.5～13cm，其上形成花芽平均63个，结果层厚，果实成熟期一致。果实紧凑，果穗大，球形果集中，每穗一般有121～171粒，故有串串椒和葡萄椒之称。喜土壤肥沃、有灌溉条件处生长，不怕涝，耐寒、耐旱性强。早熟，成熟期为7月下旬，从开花到果实成熟只需84天，丰产8年生树平均株产鲜椒15.61kg，比同等土地条件8年生大红袍平均单株产鲜椒多6.71kg，且品质优良。喜肥水，耐瘠薄，具有较强的抗冻力，克服了大红袍怕涝、积水易死、寿命短等缺点。

4. 正路花椒

正路花椒又称南路花椒。树高2～4m，树势中庸，开张，枝条短而密，新梢绿红色，小叶5～11片，叶片较小、无柄、纸质、椭圆形或近披针形，叶缘锯齿不明显，齿缝有透明腺点。叶轴多有小刺，全树多皮刺。果实成熟时鲜红色，干后紫红色。果大肉厚，果面密生突起半透明芳香油脂腺体。7—8月成熟，制干率较高，4～5kg鲜椒可制干椒皮1kg。在海拔700～2 700m处均可栽培，主产甘肃、山西、陕西、河南、四川、山东等省。早熟、丰产，实生苗3～5年可结果，8～10年进入盛果期，株产干椒2kg左右。果实麻味素含量高，油质重，香气浓郁，品质上等。

5. 汉源葡萄青椒

汉源葡萄青椒是从四川省汉源县发现并选育的适应高海拔的青花椒新品种。树势偏强，树形为丛状或自然开心形，树高2～5m，冠径2～5m。树干和枝条上均具有基部扁平的皮刺，枝条柔软，呈披散形。奇数羽状复叶、互生，小叶3～9片，叶片披针形至卵状长圆形，叶缘齿缝处有油腺点。聚伞状圆锥花序腋生或顶生。花期3—4月，果期6—8月下旬，种子成熟期9—10月，随海拔和气温不同略有差异。果穗平均长9.8cm，平均结果73粒。果实为蓇葖果，平均直径5.61mm，果实表面油腺点明显、呈疣果，颗粒大，皮厚，果实成熟时果皮为青绿色，干后为青绿色或黄绿色，种子成熟时果皮为紫红色。干果皮平均千粒重18.91g。种子1～2粒，呈卵圆形或半卵圆形，黑色有光泽。定植2～3年投产，6～7年进入盛果期，连年结实能力强且稳产性好。多年来在海拔≤1 700m地区未见冻死植株，偶见枝条先端细嫩部分有冻伤；在极度干旱条件下叶会脱落，但适时补水后植株仍能恢复正常；栽培区未见根腐病等致命性病害。

6. 汉源无刺花椒

汉源无刺花椒是四川省汉源县进行乡土优良花椒资源调查时发现并经选育而成的优良花椒新品种，其母本为大红袍。定植2～3年后可开花挂果，枝条萌蘖强，树势易复壮，丰产和稳产性好，耐旱和耐寒能力强，能适应干热、干旱及高海拔地区。该品种为落叶灌木或小乔木，树势中庸，树形呈丛状或自然开心形，树高和冠径一般均为2～5m。树皮灰白色，幼树有突起的皮孔和皮刺，刺扁平且尖，中部及先端略弯，盛果期果枝无刺。奇数羽状复叶、互生，叶片表面粗糙，小叶卵状长椭圆形且先端尖，叶脉处叶片有较深的凹陷。叶缘有细锯齿和透明油腺体。花为聚伞圆锥形花序腋生或顶生。果穗平均长5.1cm。果柄较汉源花椒稍长，果皮有疣状突起半透明的芳香油腺体，在基部并蒂附生1～3粒未受精发育而成的小红椒。椒果熟时鲜红色，干后暗红色或酱紫色，麻味浓烈，香气纯正，于果皮平均千粒重13.081g，挥发油平均含量7.16%。种子1～2粒，呈卵圆形或半圆形，黑色有光泽。3月下旬至4月上旬为花期，7月中旬至8月中旬为果实成熟期，比汉源花椒提前成熟15天左右，10月下旬落叶，随海拔高度不同略有差异。定植2～3年投产，6～7年丰产，正常管理条件下树冠投影面积鲜椒平均产量达1.255kg/m^2，丰产和稳产均性好。

7. 大红椒

大红椒又称油椒、二红椒、大花椒、二性子。主要在四川省的汉原、泸定、西昌等县栽培，近年在四川省的乐山、宜宾、内江，还有重庆市等地也有种植。树体为多主枝半圆形或多主枝自然开心形，盛果期大树高2.5～5m，树势强健，分枝角度较大，树姿较开张。1年生枝褐绿色，多年生枝灰褐色。皮刺基部扁宽，随着树龄的增大常从基部脱落。叶片较宽大、卵状矩圆形，叶色较大红袍浅，腺点明显。果实较长，果穗较松散，每穗结果20～50粒。最多达160粒。果粒中等大，直径4.5～5mm，成熟时鲜红色，表面有粗大疣状腺点，鲜果千粒重70g左右，晒干后呈酱红色。8月中下旬成熟，每3.5～4kg鲜果可晒制1kg干椒皮。品质麻香味浓。喜肥水，产量稳定。

8. 小红椒

小红椒也称小红袍、米椒、枸椒、小椒子、黄金椒、马尾椒，河北、山东、河南、山西、陕西等省有栽培，以山西省东南部和河北省西部太行山地区较多。树体矮小，分枝角度大，树姿开张，盛果期大树高2～4m。1年生枝褐绿色，多年生枝灰褐色。枝条细软，易下垂。萌芽率和成枝率强。皮刺小，稀而尖利，基部木栓化强呈台状，随着树龄的增加，从基部脱落。叶较小、薄、色较淡。果梗较长，果穗较松散。果粒小，直径4～4.5mm，鲜果千粒重58g左右，成熟时鲜红色，晒制后颜色鲜艳。麻香味浓，特别是香味大，品质好，出皮率高，每3～3.5kg鲜果可晒制1kg干椒皮。果皮香味浓，种子小。8月上中旬成熟，果穗中果粒不甚整齐，成熟也不一致，耐旱力差，成熟后果皮易开裂，采收期短。

9. 白沙椒

白沙椒也称白里椒、白沙旦，山东、河北、河南、山西栽培较普遍。树体分枝角度大，树势开张、健壮，盛果期大树高2.5～5m，1年生枝淡褐绿色，多年生枝灰褐色，皮刺大而稀，多年生枝皮刺常从基部脱落。叶片较宽大，叶轴及叶背稀有小皮刺，叶面腺点较明显。果梗较长，果穗蓬松，采收方便。果粒中等大，鲜果千粒重75g左右，8月中下旬成熟。成熟果实淡红色，

晒干后褐红色，内果皮白色。耐贮藏，晒干后放3～5年香味仍浓，且不生虫。3.5～4kg鲜果可晒干椒皮1kg。风味中上等，但色泽较差，市场上不太受欢迎。发育期短，结果早，丰产性强，无隔年结果现象，产量稳定。

第二章
花椒高效栽培技术

一、花椒园建立

1.园地选择

花椒为多年生植物，栽植后几十年生长在一个地方。因此，在选择园地时应以品种区划和适地适树为原则，从气候、地势、土壤、交通等方面综合考虑。花椒株植较小，根系分布浅，适应性强，可充分利用荒山荒地、路旁、地边、房前屋后等空闲土地栽植。山地、丘陵地建园，一般光照充足，排水良好，产量高，品质好。在山坡地中下部的阳坡和半阳坡、平缓梁峁、梯田埝边、平原区的田边地埂可栽植花椒，土壤疏松、土层深厚肥沃、排水良好的沙壤土或石灰质土也是宜椒林地。目前，花椒主要产地和今后发展的重点，都是在生态最适带的山地和丘陵地。由于山地地形复杂，气温和土壤变化不大，有垂直分布和小气候的特点，建园时要考虑到海拔高度和不同地形的小气候，以及坡度、坡形、坡向、坡位对花椒生长的影响。山区5°～20°的缓坡和斜坡是发展花椒的良好地段，一些深山区20°以上的陡坡只要水土保持方法得当，同样可发展花椒生产。山顶、地势低洼、风口、土层薄、岩石裸露处或重黏土不宜栽植。同时，还要考虑到栽植后的管理、果实采收及运输方便等条件。

2. 园地规划

规划前收集有关资料，如社会经济状况、自然概况、林业情况和其他资料。在分析资料的基础上提出初步设想，然后进行现场调查，编制初步方案，绘制规划图。规划图除简单反映出地形、地物、村庄、道路外，还应标记出造林部位、面积、用苗量和完成的造林时间。方案包括造林地布局、林地整理和造林方法、造林密度等，同时，对苗种需要量、用工量及各种投资进行计算，并注明投资来源。规划设计包括水土保持林营造、梯田整修、道路修筑、排灌系统设置以及品种安排、栽植方法等。

（1）营造水土保持林。主要是防止水土冲刷、减少水土流失、涵养水源、保护梯田安全，同时可以达到降低风速、减弱寒流、调节温度等效果。营造水土保持林应选择生长迅速、适应性广泛、抗逆性强、与花椒无共同病虫害的树种，最好是乔木树种与灌木树种组合，阔叶树种与针叶树种组合。在邻近园地的边缘，不适宜选用根蘖多的树种，以免影响花椒生长。营造林密度要因地制宜进行安排，迎风坡和椒园上方宜密植，背风面可以稀一些。一般灌木树种行距2~2.5m、株距1~2m。在建园时，可改变坡度、切断坡长、控制坡面大小，以有效地控制地表径流。具体做法是修等高梯田、山地撩壕、挖鱼鳞坑等。梯田间隙种植灌木、生草，增加植被覆盖，以减缓地表径流。

（2）生产小区。应根据地形、地势和土壤状况，并结合道路、排灌系统和防治林的设置划分。山地地形复杂、坡度大，一般以1~2hm^{2}为宜。地势、土壤、气候较一致的园地，以4~7hm^2

为宜。小区一般为长方形，长边要与等高线平行，以便梯田的修筑和横坡耕作。山地椒园的道路可环山而上，也可之字形修筑，支路和人行路可利用梯田的田埂。

（3）排灌系统设计。山地椒园的灌溉包括蓄水和引水。蓄水一般是修筑小水库、塘坝、水柜等，蓄水工程应比椒园位置高，以便自流灌溉。还要考虑集水面积大小，保证水源。引水渠的位置要高，以控制较大的灌溉面积。引水渠最好用水泥和石块砌，防止渗漏。渠道的比降一般为1/1 500~1/1 000。灌溉渠的走向应与小区的长边一致，沿等高线按一定比例挖设。

由于地表径流流速随坡度而增加，雨季水流急，必须修建排水工程。椒园最上边缘应修一条较大的降水沟，沟深50~80cm，沟宽80~100cm，拦挡上坡雨水的下泻。梯田地的排水沟，应设在梯田内侧与总排水沟相连。

3. 花椒园整地

（1）整地时间。最好在栽植花椒前半年或前1年进行整地，雨季之前应将地整好，这样既可蓄水保墒，又能使杂草的茎、叶、根腐烂，增加土壤肥力。梯田埝边、其他农田边和房前屋后等立地条件好的地方，也可采取随整地随栽植。

（2）整地方法。不同类型的林地采用不同的整地方法：在平地建立丰产园时，可采取全园整地，深翻30~50cm，深翻前施足基肥，耙平耙细，再按株行距挖长宽各60cm、深50cm的栽植坑穴。也可用带状整地方法，带宽1~1.2m，带间距40~60cm，带深60~80cm，相邻带心距与行距同。挖带时，带内表土与生土分开，基肥与表土混合后填入带的中下部，底土撒在带的上部。为防止水土流失，绕心（等高线）走带，平地东西带，增加椒树光照。在带内按株行距挖穴，规格为长宽各20cm、深40cm。在平缓的山坡上建立丰产园时，为了减少水土流失，可按等高线修成水平梯田或整成外高里低的反坡梯田。在地埂、地边、埝边等处栽植时，可挖成长、宽均为60cm或80cm的大坑。在回填土时，混入有机肥25～50kg。

利用荒山荒坡栽植花椒，应在1年前进行整地，可因地制宜，因陋就简，随形就势，逐步把山地修成保水、保肥、保土的三保地。田面修理平整外，筑土埂也要用锨拍实。山地通常修建梯田或挖鱼鳞坎。在坡度为5°～25°的地带建园栽植花椒树时，宜修筑等高梯地，变坡地为平台地，减弱地表径流，可有效控制水土流失。等高梯田由梯壁、边埂、梯地田面、内沟等组成。梯壁分石壁和土壁，以石块为材料砌筑的梯壁多为直壁式，或梯壁稍向内倾斜与地面呈75°角，即外噘嘴、里流水。以黏土为材料砌筑的梯壁多为斜壁式，保持梯壁坡度50°～65°，土壁表面植草护坡，防止冲刷。

修建梯地前，先进行等高测量，根据等高线垒砌梯壁，要求壁基牢固，壁高适宜。一般壁基深1m，厚50cm，垒壁的位置要充分考虑坡度、梯田宽度、壁高等因素，以梯田面积最大、最省工、填土量最小为原则。生产中要根据地形小弯取值，大弯就势，按等高线修建，每块梯田的大小和高低依地势和坡度而定。

二、花椒树定植

1. 苗木准备

花椒多栽植1～2年生苗，要求主、侧根完整，须根较多，苗高60cm以上，根茎粗0.5cm以上，芽子饱满。对不同等级苗木要分别集中栽植。在椒园建立前就要考虑苗木来源，最好就地建立苗圃，随起苗随栽植。对需要远途运输的椒苗，一定要用湿麻包或湿袋妥善包装，并经常喷洒清水使苗根保持湿润。栽植前对椒苗进行处理，首先适当修枝、截干，减少椒苗水分的散发，减轻风吹摇动对根系的损伤。在土壤干旱、风多风大的地区，可把主干适当截低。其次是根系修剪，把受机械损伤比较严重的部分及病虫根、干枯根剪掉。栽植前把苗根在水里浸泡一下，让其吸足水分，或把根系在稀泥浆里蘸一下，对经过远途运输的椒苗更为重要。但泥浆一定要调得很稀，否则会使根系周围结成泥壳，影响根系的吸收活动和呼吸功能而降低椒苗的成活率。

近年有些地方采用栽大苗的方法，定植3～4年生的大苗，定植当年即可开花结果。大苗培育，是将1年生苗按株行距30cm×50cm移植到肥沃的沙壤土，进行整枝修剪和栽培管理。

2. 栽植时间

花椒栽植分春栽、夏栽和秋栽，以春栽为好，北方干旱山区可在雨季栽植。

（1）雨季栽植。北方干旱石质山地，无灌溉条件时，椒农多在雨季趁墒栽植。雨季栽后要有2～3天及以上连阴天，才能保证成活。雨季栽植要用小苗，一般选用1～1.5年生苗木，栽植时尽可能多带胎土，最好是就地育苗，随起苗随栽植。8月至10月中旬，逢阴雨天气带雨挖苗，随挖随栽，栽后2天内不见太阳，成活率可达100%。若栽后第二天放晴，要及时以树枝或禾秆遮阴，并剪去枝干的一半，以减少水分蒸发。

（2）秋季栽植。秋后抓紧整地，在土壤封冻前20多天栽植，栽后截干并覆土丘，防寒越冬。翌年发芽时刨去土丘，成活率可达到90%左右。秋季多在11月下旬至12月中旬落叶后进行，也有的在落叶前的9—10月带叶栽植。在不太寒冷的地方，秋栽成活率高，但要注意冬季防寒保护。

（3）春季栽植。早春土壤解冻后至发芽前均可栽植，宜早不宜迟。随挖随栽，成活率高；若需远距离运输，必须进行包装护根，运到目的地后，需用水浸泡半天以上，然后定植。栽后需浇定根水，可在须根埋完后顺苗木干部倒清水1L左右，待无明水时覆土埋严，距地表10cm左右截干。

3. 品种配置

花椒一般不配置授粉树种。但考虑到花椒采收比较费工，在建立大面积椒园时要注意早熟、中熟、晚熟品种的搭配，以延长整个椒园的采收期。目前，生产中常用品种成熟期先后顺序为小红椒、白沙椒、豆椒，前后两品种成熟期间隔在10天左右。

花椒适应性强，但不同品种差异较大。大红袍、大花椒喜肥水条件较好的土壤，这样才能更好地发挥其增产潜力。小红椒、白沙椒耐干旱瘠薄，在立地条件较差的地方也能正常生长结实。大红椒、豆椒喜肥耐水，枸椒、秦安1号耐旱、耐瘠薄、耐寒冷。

4. 栽植方法

目前，花椒栽培形式多样，有房前屋后和庭院栽植的，有集中连片建立的花椒生产园，也有营造花椒林带的，还有比较分散的椒粮间作。集中连片的椒园，土层深厚、土质较好、肥力较高的地方株行距应大些，山地较窄的梯田，一般是1个台栽1行，台面大于4m时可栽2行，株距一般为3～4m。建立椒粮间作园时，以种粮食作物为主，株距为4～5m，行距以地宽窄而定。

按栽植点挖栽植穴。为了避免挖偏挖斜，应以事先选定好的栽植点为中心，画半径为30cm的圆，在此范围内挖掘，挖好再向周围均匀扩大，使之成为深、宽为60~100cm的大圆坑。在挖坑时先把上层较肥沃的土放在一边，下层的生土放在另一边。实行"三封、两踩、一提苗"的栽植方法，将表土拌入过磷酸钙，厩肥或堆肥先取一半填入坑内，培成丘状，然后将苗放在穴内，使根系均匀分布在小丘上。一人植苗一人填土，填到一半时用脚踩一下，使根和土贴紧。再将苗轻轻向上提，使根系自然舒展。然后将另一半掺肥的表土培于根系附近，轻提一下苗后踩实。填土接近地表时，使根基高于地面5cm左右，在苗四周培土埝。若在大片平地上栽植，要前后左右对齐。填入表土时要把椒苗轻轻振动，让土自然流入根系中，边填边踏实，不要把苗埋得太深或太浅，比较适当的深度是将土埋在根和茎的交界处。栽苗后立即浇水，待水渗完后用一些干土覆在上面，做成水盘穴，防止水分蒸发。栽完后的余土，在穴边修成土埝，以利灌溉和收集雨水。花椒幼苗耐寒性较差，秋季栽后要给幼苗培土，培土高度应比截干后的苗高低1~2cm，即露出苗头。培土用锨拍实，翌年春季幼树发芽前及时扒出。花椒耐旱不耐涝，秋季栽植时，若土壤有一定湿度，栽后不必浇定根水，以免土壤湿度太大引发根系腐烂。生产中常见栽植方法有以下几种。

（1）畔栽植。充分利用山区、丘陵的坡台田和梯田畔栽植花椒。栽植时距畔边缘50cm挖坑，株距3m左右即可。

（2）纯花椒园。近几年山东省沂源县、陕西省富平县，利用台塬坡地集中的地块发展纯花椒园。建纯花椒园时，要注意留出道路和排灌系统。如在平川地栽植，行距3m左右。如在山地栽植，株行距按照梯田的宽窄而定。栽2行不够宽、栽1行又浪费土地时可按三角形栽植，个别山地地形复杂可围山转着栽，株行距不强求一致。

（3）椒林混栽。花椒可以与其他生长缓慢的树木混合栽植，如与核桃、板栗混栽，可在株间夹栽1～2株花椒树。也可栽1行花椒，栽1行其他经济树种。

（4）营造生篱。我国椒农有把花椒栽在院落周围做围墙篱笆的习惯，尤其是河北省有些地区的椒农，利用花椒树型小、全身枝干都有刺的特点，代替其他围墙，保护果树或家庭人畜安全。做围墙用的花椒树栽植后要加强管理，修枝整形，很快就会形成枝条密集、形体美观的绿色围墙。所以，果园、学校等单位均可用花椒树营造生篱，既经济又实惠值得提倡。

用椒树营造生篱，栽植密度应大些，使之成墙，人、畜不能进入。一般营造生篱行距30～40cm、株距20cm左右，可栽植2行或呈三角形配置。山区还可栽植成3行，互相叉开呈梅花形。

三、土肥水管理

（一）土壤管理

土层深度不足50cm的岩石或硬土层的瘠薄山地，或40cm以下有不透水黏土层的沙地及河滩地，深翻效果明显。尤其山地土层浅、质地粗、保肥蓄水能力差，深翻可以改良土壤结构和理化性质，加厚活土层，有利于根系的生长。

1. 深翻改土

（1）深翻时期。深翻改土在春、秋两季均可进行。春季在土壤解冻后及早进行，这时地上部尚处在休眠期，根系刚刚开始活动，受伤根容易愈合和再生。北方，春旱严重，深翻后树木即将开始旺盛的生命活动，需及时浇水才能收到良好的效果。夏季要在雨季降第一场透雨后进行，特别是北方一些没有灌溉条件的山地，深翻后雨季来临，可使根系和土壤密结，效果较好。秋翻一般在果实采收后至晚秋进行，此时地上部生长已缓慢，翻地后正值根系第三次生长高峰，伤口容易愈合，同时，能刺激新根生长。深翻后经过冬季，有利于翌年根系和地上部的生长，故秋翻是有灌溉条件椒园较好的深翻时期。但在冬季寒冷、空气干燥的地区，为了防止秋季深翻发生枝条抽干，也可以在夏季深翻。夏翻后，一般正值雨季，土壤踏实快。但要注意少伤根、多浇水，否则容易造成落叶。

（2）深翻方法。深翻的深度与立地条件、树龄大小及土壤质地有关，一般为50~60cm，比根系主要分布层稍深。深翻改土方法主要有以下几种。

①扩穴深翻：在幼树栽植后的前几年，自定植穴边缘开始。每年或隔年向外扩展拓宽50~150cm、深60~100cm的环状沟，把其中的沙石、劣土掏出，填入好土和有机质。这样逐年扩大，至全园翻完为止。

②隔行或隔株深翻：先在1个行间深翻，留1行不翻，第二年或几年后再翻未翻过的1行。若为梯田，一层梯田1行株，可以隔2株深翻1个株间土壤。这种方法，每次深翻只伤半面根系，可避免伤根太多。

③里半壁深翻：山地梯田，特别是较窄的梯田，外半部土层较深厚，内半部多为硬土层，深翻时只翻里半部，从梯田的一头翻到另一头，把硬土层1次翻完。

④全面深翻：除树盘下的土壤不翻外，1次全园深翻。这种方法因1次完成，便于机械化施工，只是伤根过多，多用于幼龄椒园。

⑤带状深翻：主要用于宽行密植的椒园，即在行间自树冠外缘向外逐年进行带状开沟深翻。

无论何种深翻方法，其深度应根据地势、土壤性质而定。深翻时表土、心土应分别放置。填土时表土填入底部和根的附近，心土铺在上面。沙地几十厘米深有黏土层时，应将黏土层打破，把沙土翻下去与土或胶泥混合。深翻时最好结合施入有机肥，下层施入秸秆、杂草、落叶等，上层施入腐熟有机肥，肥和土拌匀填入。深翻时注意保护根系，少伤粗1cm以上的大根，并避免根系暴露时间太久和冻害。粗大的断根，最好将断面削平，以利愈合。

2.培土和压土

花椒易受冻害，特别是主干和根颈部抗寒力低，在北方寒冷地区需进行培土。培土最好用有机质含量高的山坡草皮土，翌年春季均匀地撒在园田，可增厚土层，增强保肥蓄水能力。坡地压土如同施肥，压1次土有效期达3～4年，连年压土的椒园比对照增产约26.2%。

3.梯田整修与改造

梯田整修，每年进行2次，第一次在冬春季节结合土壤耕翻，进行地堰修补和覆土加高。第二次是雨季，及时修复被雨水冲毁的坝堰，清除排水沟和沉淤的淤泥，使园地成为保土、保肥、保水的"三保田"。

用石块垒砌的石壁梯田，缝隙往往生长很多小灌木和杂草，影响花椒生长。生产中需要拆除石堰的上部，清除灌木和杂草，重新垒砌，我国北方群众称之为倒堰。倒堰多在秋后和早春进行，从地堰的一头开始，拆除石堰上部60～80cm高，逐渐向前翻到另一头，边拆边砌。

简易梯田的改造，包括加固和加高坝堰、整平田面、修筑排水沟和沉淤坑等。改造后，第二年树势得到恢复、增产约21.6%，第三年增产约43.3%。

（二）除草松土

花椒根浅，群众称"顺坡溜"，易与杂草争肥水。松土除草可以消灭杂草，改善土壤通气条件，加快土壤微生物的活动，促进土壤有机质的分解、转化，提高土壤肥力，利于花椒根系的生长发育。农谚道"花椒不除草，当年就衰老"。

在花椒树生长发育过程中，从幼树定植后的第二年就要开始中耕除草，方法有中耕除草、覆盖除草、药剂除草3种。

1. 中耕除草

花椒树栽植当年中耕除草（松土除草）2次，即春季发芽前后及秋季采收前后进行，以后每年松土除草3~5次，杂草发芽后的早春、采收前后及采收后各进行1次。第一次锄草和松土，应在杂草刚发芽的时候，时间越早，以后的管理就越容易。第二次在6月底以前，因为，这时是椒苗生长最旺盛的季节，也是杂草繁殖最严重的时期。锄草松土时不要损伤椒苗根系。在椒树栽植后的前几年，特别要重视锄草松土，第一年锄草松土4~5次，第二年3~4次，第三年2~3次，第四年1~2次。在杂草多、土壤容易板结的地方，每下1次雨后，均应松土1次，特别是春旱时浇水或降雨后均应及时中耕。松土除草用锄进行，树周围宜浅，向外逐渐加深，勿伤根系，将草连根锄掉，同时，注意修整树盘、培土、防止水土流失。

2. 覆盖除草

地面覆盖除草以覆草为好，一般可用稻草、谷草、麦秸、绿肥、山地野草等，覆盖厚度约5cm，覆盖范围应大于树冠，盛果期需全园覆盖。覆盖后应隔一定距离压一些土，以免被风刮去。果实采收后，结合秋耕将覆盖物翻入土壤中，然后重新覆盖，或在农作物收获后，把所有的秸秆全部打碎铺在地里，让秸秆腐烂，增加土壤有机质。秸秆铺地覆盖，可防止杂草滋生。同时，地面覆盖，夏季可以降低土壤温度，初春和冬季又可提高土壤温度，有利于椒树生长发育。

3. 药剂除草

药剂除草可以达到除草的目的，但容易造成地面光秃，不能增加土壤有机质含量，也不能改善水分供应状况。在草荒严重、椒树面积大时，应用药剂除草是行之有效的方法。常用除草剂有西马津、利谷隆、敌草隆、燕麦畏、麦草畏、甲草胺、氟乐灵、苯达松、丁草胺等，用法用量可参考产品说明书。

（三）合理施肥

花椒树正常生长结果需要多种大量营养元素和钙、硫、硼、锌、铜、锰、铁、钼等中微量元素，因地、因树合理施肥，才能达到预期的效果。

1. 施肥时期

一般可分基肥、追肥。基肥施用要早，追肥施用要巧。

（1）基肥。是1年中较长时期供应养分的基本肥料，通常以迟效性有机肥料为主，如腐殖酸类肥料、堆肥、厩肥、绿肥及作物秸秆等，施后可以增加土壤有机质，改良土壤结构，提高土壤肥力。基肥也可混施部分速效氮素化肥，以增快肥效。过磷酸钙、骨粉直接施入土壤中常易与土壤中的钙、铁等元素化合，不易被吸收。为了充分发挥肥效，宜将过磷酸肥、骨粉等与圈肥、人粪尿等有机肥堆积腐熟，然后作基肥施用。

施基肥的最适宜时间是采椒后的秋季，其次是落叶至封冻前，以及春季解冻后到发芽前。秋施基肥有充分的时间腐熟和供花椒树在休眠前吸收利用，这时根正处于生长高峰，根系受伤后，容易愈合产生新的吸收根，吸收能力强，可以增加树体的营养储备，满足春季发芽、开花、新梢生长的需要。落叶后和春季施基肥，肥效发挥慢，对花椒树开花坐果和新梢生长的作用较小。

（2）追肥。追肥又称补肥，是在施基肥的基础上，根据花椒树各物候期的需肥特点补给肥料。一般在生长期，特别是萌芽前和开花后进行。追肥以速效性肥料为主，幼树和结果少的树，在基肥充分的情况下，追肥的数量和次数可少；养分易流失的土壤，追肥次数宜多。

2. 施肥量

花椒施肥量，常因品种、树龄、树势、结果量和土壤肥力水平不同而异。幼龄期需肥量少，进入初结果期后，随着结果量的增长施肥量也需增加。肥料施入土壤后，由于土壤固定、侵蚀、流失、地下渗漏或挥发等原因不能完全被吸收，肥料利用率一般氮为50%、磷30%、钾40%。

发芽前，在降雨后或有浇灌条件的可施速效肥1次，可沿树冠在地面投影线的边缘挖宽30cm、深40cm的环状沟施肥。老龄树每株施氮肥1kg、磷肥2.5kg；盛果期树每株施氮肥0.8kg、磷肥0.75～1kg；挂果幼树每株施氮肥0.25～0.5kg、磷肥1kg。将化肥均匀撒入沟中，用熟土覆盖后再用生土填压。7—8月以同样的方法和数量施肥。于秋末冬初在树冠下地面的相同部位开沟或挖穴施农家肥，施肥量按老龄树20kg、盛果期树15kg、挂果幼树5kg。

生产中要注意，速效肥应在浇水前或降雨前后开沟施入，施肥量不能太大。浇水量要适中，浇水应在早晨或下午进行。

基肥主要为农家肥，配以少量磷肥。农家肥采用腐熟的牲畜粪、人粪尿和农家沤制的肥料，忌施生粪，以免滋生地下害虫。施肥量应依土壤肥力状况、树木大小等决定。瘠薄地块施肥量应加大，小树施肥量宜小，大树施肥量宜大。一般中等肥力的地块，2~6年生树，株施农家肥10~15kg、磷肥0.3~0.5kg；6~8年生树，株施农家肥15~20kg、磷肥0.5~0.8kg；8年以上盛果树株施农家肥20~60kg、磷肥0.8~1.5kg。

3. 施肥方法

基肥采用埋施，可与扩盘一同进行。全园施肥适于成年花椒树和密植花椒树，即将肥料先均匀撒于地上，然后翻入土中，深度20cm左右，一般结合秋耕和春耕进行，也可结合浇水施用。全园施肥根系各部分都能吸收养分，而且可以机械化作业；但因施肥较浅，易导致根系上返，降低椒树抗旱性。

（四）水分管理

1. 浇水

花椒虽然耐旱，但水分不足时，轻则影响生长发育和产量，重则致死，因此，有条件的地方应根据当地年降水量的多少进行适当灌溉。花椒在一年中应浇好萌芽水、坐果水、果实膨大水和落叶后的封冻水。

（1）浇水时期。

①萌芽水：北方地区，冬春少雪缺雨，而这时正值花椒萌芽、开花、坐果期，需水量大，此期浇水非常重要。在春季泛碱

严重的地方，萌芽前浇水还可冲洗盐分；有霜冻的地方，萌芽灌水能减轻霜冻危害。浇水时间为发芽后的3月中旬，浇水量不宜过大，次数不宜过多。

②花后水：花后水又称坐果水，一般在谢花后2周浇1次水。这时正值花椒幼果迅速膨大期，也是花椒花芽分化期，及时浇水，不但可满足果实膨大对水分的需要，还可促进花芽分化，在提高当年产量的同时又能形成大量花芽，为翌年高产创造条件。浇水量应适中。

③秋前水：秋前水又称果实膨大水，特别是北方产椒区，7月干旱少雨，果实膨大中后期仍需浇水1次。8—9月采摘果实后，常发生秋旱，这时要结合施基肥浇1次水。浇水量不宜大，以中午树叶不萎蔫、秋梢不旺长为宜。

④休眠期浇水：休眠期浇水又称封冻水，花椒落叶后浇1次水，对花椒越冬和翌年春生长均有利。

（2）浇水量。浇水量应根据品种、树冠大小、土质、土壤湿度、降雨情况及浇水方法来决定。适宜的浇水量，应以1次浇水使花椒根系分布层、即40～60cm土层渗透湿润为宜，使土壤湿度达到田间最大持水量的60%～80%。常在树干基部周围增加直径40～50cm、高30cm的土堆，这样可以通过浇水使椒树得到生长发育所需的水分，又不致因根部积水而引起死亡。

（3）浇水方法。浇水方法有行灌、分区灌溉、沟灌、树盘灌、喷灌、滴灌等。行灌，是在树行两侧、距树各50cm左右修筑地埂，顺沟浇水。行较长时，可每隔一定距离打一横渠，分段浇水。该法适于地势平坦的幼龄花椒园；分区灌溉是把花椒园划分成许多长方形或正方形的小区，纵横做成土埂，将各区分开，通常每棵树单独成1个小区，小区与田间主灌水渠相通。椒树根节庞大、需水较多的成年椒园，浇后极易造成板结；沟灌是在水源充足的地区，在树盘下开环状沟，沟宽、深均为20～25cm，引水灌溉后封土；树盘灌是依树冠大小，顺行向筑成2条浇水地埂，沿树盘浇水，待水渗下后及时中耕松土，此法浇水均匀，浇水量比较充足；穴灌是在水源不足的地区，在树冠范围内挖6～12个穴，穴深30～60cm、以不伤根为度，穴宽20～30cm，然后在穴内浇水，每穴浇水3～5L。浇后覆土，干旱地区浇后可不覆土而用草覆盖。有条件的地方，可采用滴灌和喷灌，但投资较大。

2. 排水

花椒不耐涝，对地面积水和地下水位过高均很敏感。积水5天时，叶片变黄，开始萎蔫；7天时叶片全部萎蔫、脱落；10天时植株死亡。这是因为地表积水，土壤通气不良，使根系呼吸作用受抑制，以致窒息死亡。因此，雨季应加强排水。

四、整形修剪

（一）整形

花椒树形主要有3种：多主枝丛状形、自然开心形、三主枝开心形，整形技术易掌握，整形后花椒树抗风，抗虫，宜大面积推广。

多主枝丛状形：栽后从基部截干，从发出的多个枝条中保留5～6个主枝，3～4年即成形。这种树形易早产丰产，适于早产密植园。

自然开心形：定植后于30～50cm左右处留第1侧枝，这种树形一般留3～4个主枝，4～5年就可以培养成形。这种树形光照好，能丰产稳产。

三主枝开心形：截头后留3个分布在3个方向的主枝，最好是北、西南、东南各1主技，每个主枝上配4～7个侧枝，结果枝均匀地分布在主侧枝双侧。这种树形光照较充足，树冠也大，能高产。

（二）修剪

修剪时间：从落叶到发芽前的整个休眠期都可以进行修剪。但是，年平均气温低于8℃的地区，一般在早春萌芽前进行修剪为好，这样就能避免剪口遭受冻害。

修剪方法：花椒树一般可作疏剪、短剪和回缩等剪法。

疏剪，是将多年生枝条从基部剪去，能改善通风透光条件，促进开花结果。疏剪掉过密枝、交叉枝、重叠枝、细弱枝、背上枝和着生位置不当的枝条，使主侧枝配合匀称，通风透光，合理利用树体营养；疏去干枯枝、病虫枝、减少病虫为害；疏去树冠外围的密生枝、细弱结果枝，使树冠内部通风透光，能提高内堂枝条坐果率。

短剪，是剪去一年生枝条的一部分，短剪有利于抽生强壮的新梢，能扩大树冠和恢复树势。抑制强壮营养枝或徒长枝，让它萌发侧枝形成发育枝或结果枝；刺激较弱的枝条抽生强壮的新梢或抽生中庸的结果枝；短剪结果枝，减少花量，合理分配树体营养，克服大小年结果现象。

回缩，是多年生枝条的短截，回缩能控制树冠和枝干的发展，防止结果部位外移，延长结果年限。回缩多年生下垂枝，弱枝，能改善树体光照和营养条件，提高果实质量，防止结果部位外移；短剪衰老的主、侧枝，发生健旺的新梢，更新树冠，复壮树势。

修剪要因地、因时、冈树（树龄、树势、树种）而宜，一般长势强旺的植株修剪要轻，老树、弱树、营养不良的树要重剪，控制树势中堂健壮，才能延长盛果期年限，生产优质果实，增加经济效益。

第三章
花椒采收与采后处理

一、采收与晾晒

（一）采收

1. 适期采收

花椒适时采收，质量高、损失小。过早采收，色泽淡、香气少、麻味不足；过迟采收，花椒在树上开裂破口、容易落椒，若遇阴雨易变色发霉。花椒果实多在秋季成熟，一般当果实由绿变红、果皮缝合线突起、少量果皮开裂、表现出品种特有的色泽、果皮上椒泡凸起呈半透明状态、种子完全变黑色光亮时，即可采收。因品种不同，成熟期略有不同，早熟种（俗称伏椒）8月中下旬成熟，晚熟种（俗称秋椒）9月上中旬成熟，如大红袍花椒比小红袍花椒晚熟10～20天。同一品种，因栽培地区不同，其成熟和采收期也有差异，温暖向阳地的花椒成熟早，而背阴地的成熟稍晚。

2. 采收方法

花椒采收以手摘为主（图3-1），也可用剪刀将果实随果穗一起剪下再摘取，一般在露水干后的晴天进行。晴天采收的花椒干制后色泽鲜、香气浓、麻味足；阴雨天有露水时采收不易晒干，色泽不鲜亮、香气淡、品质差。采收前要先准备采摘篮、盛椒筐、苇席及晾晒场地等。采收时，一手握住枝条，一手采摘果穗。由于果穗基部的枝条上着生有皮刺容易扎手指，有的改用剪刀剪，但这样往往伤害顶花芽，对翌年产量有较大影响。

图3-1　花椒采摘

采摘时要防止把果穗连枝叶一起摘下，以免损害结果芽，影响翌年产量。一般在大椒穗下第一小叶间有1个饱满芽，这个芽是翌年的结果芽，要注意保护，不要摘除。弱枝果穗下第一个芽发育不充实，第二个或第三个芽发育键壮，采摘时可抹除第一个芽，保留第二和第三个芽，以起到修剪作用。另外，采摘时还要保护椒粒，不可用手指掐着椒粒采摘，以免手指压破椒泡，造成跑油椒或浸油椒。跑油椒干制后色泽暗褐，香味大减，降低价值。摘椒时尽量不要伤及枝叶，以免影响树体生长。

采收时适当抹除大部分叶丛枝，一般保留1/3，光腿缺枝部位的叶丛枝适当保留，培养成健壮的结果枝，充实空间，扩大结果部位。目前，一种便携、实用、增效、新型的锯盘电动花椒采摘机已研制成功，花椒产区可进行机械化采摘。

（二）晾晒

1. 阳光暴晒

晾晒对花椒品质，特别是色泽影响极大，采收后要及时晾晒，最好当天晒干，当天晒不干时，要摊放在避雨处。阳光暴晒方法简便，经济实用且干制的果皮色泽艳丽。方法是选晴朗天气采收，在空地上铺晾晒席，边收边晾晒，晾晒摊放的厚度控制在3cm左右，在强烈阳光下经2～3小时即可使全部花椒果皮裂开，轻轻翻动果实，使种子、果梗、果皮分离，再用筛子将种子和果皮分开。然后在阴凉通风处晾几天，使种子和果皮充分干燥后包装贮藏。采收后若遇阴雨天气不能晒干，可暂时在室内地面上铺晾晒席摊晾，厚度3～4cm，不要翻动，待天晴后移到室外阳光下继续晒干（图3-2）。

晾晒花椒注意事项：

（1）不要直接放在水泥地面或塑料薄膜上，以免花椒被高温烫伤后失去鲜红光泽。应在苇、竹席上晒。

（2）晒制花椒时摊放不要太厚，以3～4cm为宜，每隔3～4小时用木棍轻轻翻动1次。不要用手抓翻动，以免手汗影响色泽。可用竹棍做1双长筷子，把花椒夹住，均匀地摊放在席上，这样晒出的花椒鲜红透亮，晒干的花椒果皮从缝合线处开裂，只有小果梗相连，这时可用细木棍轻轻敲打，使种子与果皮脱离，再用簸箕或筛子将椒皮与种子分开。

图3-2　花椒晾晒

2. 人工烘干

人工烘干不受天气条件限制，且烘烤的花椒色泽好，能很好地保持花椒特有的风味。

（1）烘房烘干法。花椒采收后，先集中晾半天到1天，然后装入烘筛送入烘房烘烤，装筛厚度3～4cm。烘干机内温度达30℃时放入鲜椒，烘房初始温度保持在50～60℃，经2～2.5小时后升温至80℃左右，再烘烤8～10小时，花椒含水量小于10%时即可。烘烤过程中要注意排湿和翻筛，开始烘烤时，每隔1小时排湿和翻筛1次，以后随着花椒含水量的降低，排湿和翻筛的间隔时间可适当延长。花椒烘干后降温，去除种子和枝叶等杂物，按标准装袋即为成品。

（2）暖炕烘干法。将采收的鲜花椒摊放在铺有竹席的暖炕上，保持炕面温度50℃左右。在烘干过程中不要翻动椒果，待椒果自动开裂后方可进行敲打、翻动，分离种子，去除果枝。暖炕烘花椒果，色泽暗红，不如阳光下晒干的果实色泽艳丽。

（3）简易人工烘干法。建造人工烘房，面积10m²，房顶装吊扇1个，墙壁装换气扇1个，烤房内装带烟囱铁炉2~3个，安装铁架或木架，架上摆放宽40cm、长50cm的木板沙盘。当烤房内温度达30℃时放入鲜椒，烤房内温度保持30~50℃，经3~4个小时，待85%椒果开裂后，将椒果从烤房内取出，并用木棍轻轻敲打，使果皮与种子分离后去除种子，将果皮再次放入烘房内烘烤1~3小时、温度控制在55℃。

二、分级、包装与贮藏

（一）分级

1.质量标准

目前，国家还没有统一的花椒果实质量标准。生产中对花椒品质外观的检验常包括以下几方面。

（1）色泽。具有本品种特有的红色，色泽鲜艳，如大红袍为枣红色、小红袍为鲜红色、白沙椒为粉红色。

（2）椒籽含量。上等椒籽含量很少，按重量计算低于2%，最多不超过5%。椒籽含量包括发育不良、晒干后果皮缝合线不开裂的果实（商品中称为"闭口"）。

（3）果穗梗。一般果皮和果穗梗都作为商品花椒。也有的要求果梗全部去掉，有的要求只许椒皮上带有不超过0.5cm长的小果梗。

（4）梗含水量一般要求13%以下，以便贮藏保管。用手轻掐之，有扎手的感觉，并有"沙、沙……"的响声。

（5）不得有变质的霉粒、烂粒和其他杂质，符合国家卫生部标准及食品卫生规定。

2. 分级标准

（1）花椒产品分级标准。

一级品：外表颜色深红，果内黄色，睁眼椒颗粒大且均匀，麻味足，香味浓，无枝梗，无杂质，椒柄不超过1.5%，无霉坏，无杂色椒，含籽量不超过3%。

二级品：外观红色，内黄白色，睁眼椒颗粒大，无枝梗，椒柄不超过2%，无杂质，无霉坏，无杂色椒，闭眼椒、青椒和含籽量不超过8%。

三级品：椒色浅红，麻味正常，闭眼椒、青椒和含籽量不超过15%。

（2）大红袍分级标准。大红袍有3种分级标准（图3-3）。

一级：外观颜色深红，内黄白色，睁眼椒颗粒大且均匀、身干，麻味足，香味浓，无枝梗，无杂质，椒柄不超过1.5%，无霉坏，无杂色椒，含籽量不超过3%。

二级：外观颜色红，内黄白色，睁眼椒颗粒大、身干，麻味正常，无枝梗，椒柄不超过2%，无杂质，无霉坏，无杂色椒，闭眼椒、青椒和含籽量不超过8%。

三级：外观颜色浅红，内黄白色，睁眼椒身干，麻味正常，无枝梗，椒柄不超过3%，无杂质，无霉坏，无杂色椒，闭眼椒、青椒和含籽量不超过15%。

a.一级　　　　　　　　b.二级　　　　　　　　c.三级

图3-3　大红袍分级标准

（3）小红袍分级标准。

一级：外观颜色鲜红，内黄白色，睁眼椒身干且颗粒均匀，麻味足，无枝梗，椒柄不超过1.5%，无杂质，无霉坏，无杂色椒，含籽量不超过3%。

二级：外观颜色红，内黄白色，睁眼椒身干，麻味正常.无枝梗，椒柄不超过2%，无杂质，无霉坏，无杂色椒，闭眼椒、青椒和含籽量不超过8%。

三级：外观颜色浅红，内黄白色，睁眼椒身干，麻味正常，无枝梗，椒柄不超过3%，无杂质，无霉坏，无杂色椒，闭眼椒、青椒和含籽量不超过15%。

（二）包装

花椒果实作为一种食品，没有外壳，直接用来食用。因此，最怕污染，在包装、贮存上要求比较严格。

干燥后的花椒经过分级，若不及时出售应将其装入新麻袋或在提前清洗干净并消过毒的旧麻袋中存放；如长期存放，最好使用双包装，即在麻袋的里面放一层牛皮纸或防湿纸袋，内包装材料应新鲜、洁净、无异味，这样既卫生、隔潮，还不易跑味。装好后将麻袋口反叠，并缝合紧密。然后在麻袋口挂上标签，注明品种、数量、等级、产地、生产单位与详细地址、包装日期和执行标准计号。切记不要乱用旧麻袋，更不能用装过化肥、农药、盐、碱等包装物装花椒，所有包装材料均需清洁、卫生、无污染，同一包装内椒果质量等级指标应一致。

（三）贮藏

花椒果实因其怕潮、怕晒、怕走味、极易与其他产品串味，比较难保管。所以，在贮存时，要选干燥、凉爽、无异味的库房，包垛下应有垫木，防止潮湿、脱色、走味。严禁与农药、化肥等有毒有害物品混合存放。

三、花椒加工

花椒果皮入药可医治慢性骨炎、腹痛、止牙痛、霍乱及驱杀蛔虫等。椒叶除代果皮做调味品外，还可制成土农药防治蚜虫、蝽虫等，也可提取芳香油。花椒树干林质坚硬，宜制耐磨器具。

（一）袋装花椒加工

将采收的花椒果皮晾晒后去除残存的种子、叶片、果柄等杂质，分级定量包装后作为煮、炖肉食的调料或药材上市。

1. 果皮清洗

将花椒果皮放入容器内，用木棒或木板人工轻揉搓，使果柄、种子与果皮分离，然后送入由进料斗、筛格、振动器、风机和电机等组成的清选设备中进行清选。由进料斗落入第一层筛面上的物料，经风机吸走比果皮轻的杂质和灰尘，而树叶、土石块等较大杂质留在筛面上，并逐渐从排渣口排出。穿过筛孔的物料落到第二层筛面上，第二层筛进一步清除果皮中较大的杂质，果皮和较小的物料穿过筛孔落到第三层筛面上；在第三层筛格上，种子和细小杂质穿过筛孔落到第四层筛格上，留在第三层筛面的果皮被风机吸送到分级装置；在第四层筛格上将种子与细沙粒等杂质分离，并分别推出。

2.果皮分级

送入由振动器和分级筛组成的分级装置的果皮，按颗粒大小分为2～3级，并分别排出。

3.果皮包装

将分级后的果皮用塑料包装袋定量包装、封口，即成为不同等级的袋装花椒成品。

（二）花椒粉加工

将干净的花椒果皮粉碎成粉末状，定量装塑料袋或容器内，封口即成。主要设备为清选机、烘干机、粉碎机和封口机等。取干制后的花椒放入炒锅，用小火炒制，边炒边不停翻动。也可用烧炒机在120～130℃条件下炒制6～10分钟，取出自然冷却至室温，再用粉碎机粉碎至80～100目。定量装入塑料薄膜复合袋中。

（三）沸水法制取花椒籽油

花椒籽出油率达20%～30%，一般用花椒籽做原料采用土法即可榨取花椒籽油。

（1）清洗。花椒籽通过筛选清理，除去花椒皮及其他杂质后，用家用饭锅炒熟至清香不糊。

（2）碾碎。炒热的花椒籽用石碾或石臼碾碎至粉末状，颗粒越小越好。

（3）熬油。按花椒籽熟细粉与水比例2∶25，将碾好的花椒籽熟细粉放入沸水锅中，以铁铲或木棒进行搅拌，同时继续以微火加温保温1小时左右。所含大部分油脂可逐渐浮在锅的表面，静置10分钟左右，用金属勺撇出上浮的大部分油脂。

（4）墩油。将大部分油脂撇出后，再用金属平底水瓢轻轻墩压数分钟，促使物料内油珠浮出积聚，再用金属勺将油全部撇出即成较上等的调味花椒油。

（5）清渣。出油后的水及油渣取出晒干，可作肥料或配制饲料。

（四）花椒麻香油加工

花椒麻香油是将花椒果皮放入加热的食用植物油中浸泡、炸煮，使果皮中的麻香成分浸渗到食用油中加工而成的食用调味品。将植物油倒入油炸锅内，加热至102～140℃，然后冷却至30～40℃，将干净花椒果皮与食用油按重量1.5∶100的比例放入冷却后的油内浸泡30分钟，再将花椒和植物油混合物加热到100℃左右，再冷却至30℃，如此反复加热，冷却2～3次，即成花椒果皮和麻香油的混合物，混合物过滤所得的滤液即为花椒麻香油。过滤出的果皮可粉碎制成花椒粉，将花椒麻香油静置，冷却至室温后装瓶。

（五）椒叶粉加工

采叶从果实采收后至8月底前均可进行。选择生长健壮、无病虫害感染、叶片肥厚、叶面翠绿的植株，先将植株冠下地面的落叶及杂物清除干净，铺上席箔或塑料薄膜，用细棍敲打将叶片击落，或用修剪枝剪将叶柄剪下让其落地，然后将其收集并随即捡去黄叶和带病虫的叶片。采回后叶片放在0.3％高锰酸钾溶液中浸泡3～5分钟，并反复搅拌，洗去叶面尘垢。叶片在水中浸泡时间不能太长，以免叶片麻味素被水浸溶。淘洗后捞出，放席箔或竹席上晾去水分，要不停翻动。晾晒必须及时，以防叶子霉烂；切忌在强光下暴晒，以免叶中麻味素挥发。晾晒干燥到手指掐住叶片能捻成碎片即可，然后将叶放在粉碎机中粉碎呈粉末状，装袋。为了防止麻味素散失和反潮，装袋后应及时粘封。

（六）花椒油加工

花椒果皮辛香，是很好的食用调料，干果皮可作为调味品直接食用。也可制成花椒粉或与其他佐料配成五香粉。若将果实放在食用油中加温，使其芳香油和麻味素迅速溶解可得到香麻可口的花椒油。

1. 油淋法

将鲜椒采回后，放入细铁丝编的或铝质细漏勺中，用180℃的油浇到漏勺的花椒上（油椒比为1∶0.5，即1kg油、0.5kg花椒，可制作花椒油0.9kg），待椒色由红变白为止，将淋过的花椒油冷却后装瓶，密封，在低温处保存，以保证质量。

2. 油浸法

将菜油放入铁锅里，用大火煎沸。当油温102～140℃时，把花椒倒入油锅中（用鲜椒，油椒比为1∶0.5），立即盖上，使香味溶于油脂中，冷却后去渣，装瓶。用此法加工的花椒油，其麻香味更好。因用花椒加工，下面有一层水分，装瓶时不要将水装入，以免影响质量。

四、花椒鉴别

（一）掺假花椒鉴别

天气寒冷，空气干燥，有人为增加重量向花椒中掺水，鉴别方法是用手握有硬脆感，或用手搓有沙沙声为干度较好的花椒；花椒成色不好时，有人向花椒中淋青油，使其看起来光鲜发亮，鉴别方法是用手握花椒，手上有油污或油渍为被处理的花椒。壳颜色红艳油润、粒大均匀、果实开口且不含或少含籽粒、无枝叶等杂质、不破碎、无污染为好花椒；顶部开裂大的成熟度高、香气浓郁、麻味强烈为上等。用少许碘酊掺水呈淡黄色时，撒在花椒面上，呈蓝色的为掺假品（图3-4）。

图3-4　花椒鉴别

（二）假花椒鉴别

（1）眼观法。真花椒绝大部分中间裂开、有开口，外壳棕红色或棕黄色，每颗大小、颜色不完全一样，壳内侧为白色，有少量黑色籽粒。假花椒颜色一致、形状大小均匀、表面致密无开口、同等体积较真花椒重。

（2）鼻闻法。真花椒有特有的香味，假花椒则没有。

（3）手搓法。真花椒手搓较软，搓揉后有花椒外壳碎片，无渣子产生。

（4）口尝法。真花椒具特有的麻味；假花椒无麻味，且有咸味，咀嚼易粉碎。

第四章
花椒主要病害防治

一、花椒锈病

（一）病害特征

花椒锈病是花椒叶部重要病害之一。广泛分布在陕西、四川、河北、甘肃等省的花椒栽培区。严重时，花椒提早落叶，直接影响次年的挂果。发病初期，在叶子正面出现2～3mm水渍状褪绿斑（图4-1），并在与病斑相对的叶背面出现黄橘色的疱状物，为夏孢子堆（图4-2）。

（二）发病规律

此病一般于6月中下旬开始发生，7月至9月上旬为发病盛期。在降水多，特别是秋季雨量大，降雨频繁的情况下，病害容易流行。病害多从树冠下部叶片发生，并由下向上蔓延，花椒果实成熟前病叶大量脱落，至10月上旬病叶已全部落光，新叶陆续生长。病菌可通过气流传播，气候适宜时，病病菌繁殖速度增快，再侵染频繁。此病的发生与椒园所处地势环境有关，阳坡较阴坡发病轻，大红袍发病最重，其次是豆椒，狗椒较抗病。此外，若在椒树行间种植高秆作物，因通风透光不良，可加重发病。

图4-1　花椒锈病—褪绿斑　　　　图4-2　花椒锈病—夏孢子堆

（三）防治方法

（1）药剂预防。在未发病时，可喷布波尔多液或0.1%～0.2%波美石灰硫黄合剂，或在6月初至7月下旬对花椒树用200～400倍液萎锈灵进行喷雾保护。

（2）药剂防治。对已发病的可喷15%的粉锈宁可湿性粉剂1 000倍液，控制夏孢子堆产生。发病盛期可喷雾1∶2∶200倍波尔多液，或用0.1～0.2波美石硫合剂，或用15%可湿性粉锈宁粉剂1 000～1 500倍液。

（3）加强肥水管理，铲除杂草，合理修剪。晚秋及时清除枯枝落叶杂草并烧毁。

（4）栽培抗病品种，可以将抗病能力强的花椒品种混栽。

二、花椒白粉病

（一）病害特征

花椒白粉病又名花椒自涉病，俗称白面病、面粉病等。主要侵染花椒叶片，也为害新梢和果实。病害大发生时，叶片布满灰白色粉状物，病叶可达70%～100%，使叶片干枯。叶片被侵害时，最初于叶片表面形成白色粉状病斑（图4-3），然后病斑变成灰白色，并逐渐蔓延到整个叶片，严重时叶片卷缩枯萎。枝梢被害时，初为灰白色小斑点，然后不断扩大蔓延，可使整个树梢受害（图4-4），抽出的叶细长，展叶缓慢，随病势的发展，病斑由灰白色变为暗灰色。果实受害后，果面形成灰白色粉状病斑，严重时，引起幼果脱落。

图4-3　花椒白粉病叶片

图4-4　花椒白粉病枝梢

（二）发病规律

白粉菌以菌丝体在病组织上或芽内越冬。翌年形成分生孢子，借风力传播。分生孢子飞落到寄主表面，若条件适宜，即可萌发直接穿透表皮而侵入。孢子萌发适宜温度为20～28℃。在较低温条件下，孢子就能萌发。因此，干旱的夏季或温暖、闷热、多云的天气容易引起病害大发生。花椒栽植过密，施肥不当，通风、透光性差，也能促进使病害流行。

（三）防治方法

1. 人工防治

（1）加强栽培管理。发病较多的椒园，注意清除病叶，病枝、病果集中烧毁处理，防止传染。

（2）注意排水、施施肥、中耕除草，以增强树势，并适当剪去过密枝叶，保持通风透光良好，可减轻发病。

2. 药剂防治

（1）早春花椒发芽前喷洒45%晶体石硫合剂100～150倍液，除除防治白粉病外，还可兼治叶螨、介壳虫等。

（2）花椒发芽后喷洒45%晶体石硫合剂180～200倍液、75%百菌清可湿性粉剂600～800倍液、25%丙环唑乳油1 000～1 500倍液或25%粉锈宁可湿性粉剂1 500～2 000倍液，间隔7～10天喷1次，有较好的防病效果。

三、花椒枝枯病

（一）病害特征

花椒枝枯病俗称枯枝病、枯萎病。该病常发生于大枝基部、小枝分杈处或幼树主杆上（图4-5）。发病初期病斑不甚明显，随着病情的发展，病斑为灰褐色至黑褐色椭圆形，以后逐渐扩展为长条形。病斑环切枝干一周时，则引起上部枝条枯萎，后期干缩枯死，秋季其上生黑色小突起，即分手孢子器，顶破表皮而外露。

（二）发病规律

病菌主要以分生孢子器或菌丝体在病部越冬。翌年春季产生分生孢子，进行初侵染，引起发病。在高湿条件下，尤其在降雨或灌溉后，侵入的病菌释放出孢子进行再侵染。分生孢子借雨水、风和昆虫传播，雨季随雨水沿枝下流，使枝干被侵染而病斑增多，从而引致干枯。椒园管理不善，造成树势衰弱或枝条失水收缩；冬季低温冻伤；地势低洼，土壤黏重，排水不良，通风透光不好的椒园，均易诱发此病发生为害。

图4-5 花椒枝枯病

（三）防治方法

1. 人工防治

（1）加强管理。在椒树生长季节，及时灌水，合理施肥，以增强树势；合理修剪，减少伤口，清除病枝并集中销毁，可减轻病害发生。

（2）涂白保护。秋末冬初，用生石灰2.5kg，食盐1.25kg，硫黄粉0.75kg，水胶0.1kg，加水20L，配成白涂剂，粉刷椒树枝干，避免冻害，减少发病机会。

2. 药剂防治

对初期产生的病斑用刀刮除，病斑刮除后涂抹50倍砷平液、托福油膏或1%等量式波尔多液。深秋或翌年早春椒树发芽前，喷洒45%晶体石硫合剂100倍液或50%福美胂可湿性粉剂500倍液，防治效果明显。

四、花椒干腐病

（一）病害特征

花椒干腐病俗称流胶病。多发生在枝条和主杆上，发病初期在枝条和主杆上出现红褐色的病斑，随着病斑的扩大，病斑部位凹陷，呈黑褐色，并伴有流胶现象（图4-6）。发病后期病斑部位会有橘色的小斑点，病斑部位出现龟裂、干缩。严重时，会造成树皮大面积腐烂，甚至出现死树、死枝现象。

（二）发病规律

病菌以菌丝体和繁殖体在病部越冬。翌年5月初气温升高时，老病斑恢复侵染能力，在6—7月产生分生孢子，借风、雨传播，并通过伤口入侵。病害的发生发展可持续到10月，当气温下降时病害停止蔓延。

病害发生程度与品种、树龄及立地条件有关，豆椒比其他花椒品种抗病，幼树比老树发病轻，阴坡比阳坡花椒发病也轻在自然条件下，凡是被吉丁虫为害的椒树，大都有干腐病发生。

图4-6　花椒干腐病

（三）防治方法

（1）加强植物检疫。调运花椒苗木时，一定要做好该病的检疫工作，有病苗木严禁调往外地，以防传播蔓延；避免从病区调入苗木，使病害传入。

（2）加强栽培管理。改变对花椒园传统粗放的经营方式，加强肥水管理，及时修剪、清除带病枝条，集中销毁处理。

（3）药剂防治：在花椒吉丁虫发生期，喷1次50%甲基托布津可湿性粉剂500倍液，治虫防病效果较好。对大枝干上发病较轻的病斑，可进行刮除，并在伤口处涂抹托福油膏或治腐灵。在每年3—4月和采收花椒果实后，用40%福美胂可湿性粉剂100～200

倍液，喷施树干2～3次。

五、花椒炭疽病

（一）病害特征

叶片炭疽病分急性型和慢性型2种。急性型多发生在连续阴雨天气后高温季节，病叶很快脱落，常造成全株性严重落叶。多数从幼嫩叶片叶尖和叶缘开始，初时表现为淡青色带暗褐色（图4-7），像热水烫伤的小斑，病部与健部界限不明显，小斑迅速扩大成水渍大斑，边缘界限不明显，似云纹状，病叶腐烂，很快脱落。慢性型多发生在短暂潮湿而很快转晴天气，多由叶尖或叶缘开始出现黄褐色病斑至灰白色，病斑扩大成不规则形，边缘色深褐，稍隆起，斑面常现轮纹。

为害果实，发现初期，果实表面有数个褐色小点，呈不规则状分布，后期病斑变成褐色或黑色，圆形或近圆形，中央下陷，每年6月下旬至7月下旬开始发病，8月进入发病盛期。发病后主要表现落叶落果，果实商品价值降低（图4-8）。

图4-7　叶片为害状

图4-8　果实为害状

（二）发病规律

病菌以菌丝体或分生孢子在病果、病叶及枝条上越冬。第二年5月初在温、湿度适宜时产生孢子、借风、雨和昆虫传播，引发病害。能发生多次侵染。每年5月下旬至7月上旬开始发病，6月为发病高峰。花椒园通风透光差、树势弱、高温高湿有利于炭疽病的发生流行，病菌以菌丝体或分生孢子在病果、病叶及枝梢上越冬。当温、湿度适宜时产生分生孢子，借风、雨和昆虫传播。病菌每年可多次侵染为害。

（三）防治方法

（1）加强椒园管理，进行深耕翻土，防止偏施氮肥，多施有机营养套餐肥嘉美赢利来，降水后及时排水，促进进椒树生长发育，增强抗病力。

（2）及时清除病残体，集中烧毁，以减少病菌来源；通过修剪椒树改善椒园通风透光条件，减轻病害发生。

（3）冬季结合清洁椒园，喷施1次波美3～5度石硫合剂或45%晶体石硫合剂100～150倍液，同时兼治其他病虫害。

（4）发病初期用40%咪鲜胺丙森锌800倍液或者36%戊唑醇丙森锌800倍液或者32%苯甲溴菌腈800倍液等，发病盛期，可喷25%吡唑醚菌酯1 000倍或者43%咪鲜胺1 500倍液加80%代森锰锌800倍液或者3%多抗霉素400倍液。

六、花椒褐斑病

（一）病害特征

花椒褐斑病又称花椒黄斑病。该病主要为害花椒叶片，发病严重时，并时率达60%以上，8月便造成叶片枯黄早落。发病初期，在叶面上产生黄色水渍状圆形小斑点（图4-9），病健交界不明显，叶背相对应部分呈现褪绿斑。病斑扩大后，呈淡褐色或褐色近圆形或不规则形，中心颜色较深（图4-10），直径3～10mm。叶背有深灰色绒状霉层，主脉附近的霉层密而多。几个病斑可相连形成大斑，导致叶片枯黄脱落。

图4-9　花椒褐斑病初期叶片　　　　图4-10　花椒褐斑病后期叶片

（二）发病规律

病菌以菌丝体、子座在病残叶上越冬，翌年5月上旬产生孢子进行初次侵染，潜伏期17～33天。菌丝体生长温度为6～35℃。最适宜温度为20～30℃。生长季节可多次进行再侵染。病害由树冠下部叶片先发病，逐渐向上部扩展蔓延。在5月下旬至6月上旬和8月上旬分别出现2次发病高峰。一般椒园管理不善，树势衰弱易引起发病。

（三）防治方法

1. 人工防治

（1）加强椒园水、肥、土的管理，以增强树势，可减轻病害的发生。

（2）秋末冬初清扫落叶，集中烧毁；同时，椒园进行翻耕，将未清除干净的病残落叶深翻入土中。

2.药剂防治

发病初期喷洒50%代森锰锌可湿性粉剂500～800倍液、50%甲基托布津可湿性粉剂500～800倍液或50%多菌灵可湿性粉剂600～800倍液。从5月下旬开始，每隔10～15天喷1次，连续用药3～4次，立秋前后再用药1次，防病效果更好。

七、花椒黑斑病

（一）病害特征

花椒黑斑病又称花椒落叶病。该病主要为害叶片、叶柄，其次是嫩枝，一般病叶率为20%～40%，严重时可达80%以上。感病后椒叶提前衰老、枯黄而大量脱落，严重影响椒树生长。发病初期，在叶片正面产生直径1～4mm黑色圆形病斑（图4-11），可穿透叶片直达叶背。常在叶背病斑上出现明显的疹状小突起，为病菌的分生孢子盘，雨后出现乳白色针状的分生孢子角。后期叶片正面病斑上也着生疹状小点。当分生孢子盘聚生在一起时，叶片上产生大型不规则褐色或黑褐色病斑。叶柄上的病斑呈椭圆形，内生点状孢子盘。嫩梢感病后，产生梭形紫褐色疹状小突起。

（二）发病规律

病菌以菌丝体、分生孢子盘在病叶上或枝梢的病组织内越冬。第二年雨季到来时，产生分生孢子而成为初侵染源。7月下旬开始发病，多以下部椒叶开始逐步向上扩展。分生孢子主要借雨水飞溅传播。8月中旬至9月初达发病高峰，病叶陆续脱落。发病严重时，树冠中下部叶片全部脱落。

雨季早、降水多、降雨频繁的年份，发病早且严重。土壤瘠薄，管理粗放的椒园，由于树势衰弱，发病重，而且树龄越大，发病越重。大红袍易感病，狗椒较抗病。椒园种植其他高秆作物或树冠枝叶茂密，通风、透光性差时，发病也重。

图4-11　花椒黑斑病

（三）防治方法

1. 加强苗木检疫

由于花椒幼枝可以带菌，因此，在调运苗木过程中应进行严格检疫，以防病害传播。

2. 加强栽培管理

增施肥料，及时灌水和除草，以增强树势，提高抗病性；通过整形修剪，使树冠通风透光，降低湿度，以减轻病害发生；剪去病枝，并及时清扫枯枝病叶，集中烧毁，以减少初侵染源。

3. 药剂防治

分别在7月上旬和摘椒后，用70%代森锰锌可湿性粉剂500～800倍液或27%可杀得可湿性粉剂500～800倍液各喷雾1次，防治效果较好。

八、花椒膏药病

（一）病害特征

花椒膏药病是花椒种植过程中最常见的病，特别是3年以上的老树，其病原为担子菌亚门的隔担耳。担子果似膏药状，紧帖在花椒树枝干上（图4-12）。轻者使枝干生长不良，挂果少；重者导致枝干枯死。花椒枝干及整株枯死，挂果少，结果小，统统都是膏药病引起。膏药病的发生与树龄、湿度及品种密切相关。花椒膏药病主要发生在荫蔽、潮湿的成年椒园。膏药病以介壳虫分泌的蜜露为营养，故介壳虫为害严重的椒园，膏药病发病严重，该病发生与介壳虫为害息息有关。

（二）发病规律

该病的发生与桑拟轮蚧等害虫有密切关系，病菌以介壳虫的分泌物为营养，介壳虫常由菌膜覆盖得到保护。菌丝在枝干表皮发育，部分菌丝可侵入花椒皮层为害，老熟时菌丝层表面生有隔担子及担子孢子。病菌孢子又可随害虫的活动到处传播、蔓延。一般在枝叶茂盛、通风透光性差、土壤黏重、排水不良、空气潮湿的椒园，易发生花椒膏药病。

图4-12　花椒膏药病症状

（三）防治方法

（1）加强管理，适当修剪除去枯枝落叶，降低椒园湿度。

（2）控制栽培密度，尤其是在盛果期老熟椒园，过于荫蔽应适当间伐。

（3）用45％晶体石硫合剂150～200倍液或22％克螨蚧乳油1 000倍液喷雾。在树干上涂刷黄泥浆，防效也比较好。刮治菌膜后，可涂抹50％代森铵可湿性粉剂200倍液或45％晶体石硫合剂80～100倍液。

九、花椒根腐病

（一）病害特征

受害植株根部变色腐烂，嗅觉特征是有臭味，根皮与木质树干部位脱离，树干木质部位呈黑色。地上部分叶形小而且色黄枝条发育不全，更严重的情况就是全株死亡（图4-13）。

图4-13　花椒根腐病

（二）发病规律

花椒根腐病常发生在苗圃和成年椒园中，是由腐皮镰孢菌引起的一种土传病害。

（三）防治方法

（1）合理调整布局，改良排水不畅，环境阴湿的椒园，使其通风干燥。

（2）做好苗期管理，严选苗圃，15%粉锈宁500～800倍液消毒土壤。高床位栽树，掏土壤深沟，重施基肥，及时拔除病苗。

（3）移苗时用50%甲基托布津500倍液+嘉美红利800倍液浸根24小时。用生石灰消毒土壤。并用甲基托布津500～800倍液，或用15%粉锈宁500～800倍液+嘉美红利1 000倍液灌根。

（4）发病初期用15%粉锈宁300～800倍液+嘉美红利1 000倍液灌根（注意：成年树），能有效阻止发病。夏季灌根能减缓发病的严重程度，冬季灌根能减少病原菌的越冬结构。

（5）发现一棵及时挖除病死根、死树，并烧毁，消除病染源。

十、花椒煤污病

（一）病害特征

花椒煤污病又称黑霉病、煤烟病、煤病病等。除为害叶片外，还为害嫩梢及果实。发生严重时，黑色霉层覆盖整个叶片，病叶率可达90%以上，影响光合作用，造成减产。初期在叶片表面生有薄一层暗色霉斑（图4-14），稍带灰色或稍带暗色，随着霉斑的扩大、增多，而使黑色霉层上散生黑色小粒点（子囊壳），此时霉极易剥离（也有不易剥离者）。由于褐色霉层阻碍光合作用而影响花椒的正常生长发育，该病由以小煤炱属为主的真菌侵染而引起。病菌属子囊菌亚门，小煤炱目，小煤炱不科，小煤炱属。分布于甘肃、陕西等省的花椒产区。

（二）发病规律

该病为腐生性质，多伴随与蚜虫、介壳虫和斑衣蜡蝉的发生而发生。病菌以菌丝及子囊壳在病组织上越冬，次年由此飞散出孢子，由蚜虫、斑衣蜡蝉的分泌物而繁殖引起发病。

病菌在寄主上并不直接为害，主要是覆盖在寄主上而妨碍光合作用而影响正常的生长发育。一般在虫、介壳虫和斑衣蜡蝉发生严重时，该病发生为害也相应严重。

在多风、空气潮湿、树冠枝叶茂密，通风不良的情况下，有利于病害的发生。

图4-14　花椒煤污病病叶

（三）防治方法

1. 人工防治

注意树形的修整，保持椒树树冠通风透光良好，降低温度，以减轻该病发生。蚜虫、介壳虫发生严重时，要及时修剪除被害枝条，集中烧毁。

2. 药剂防治

（1）蚜虫、斑衣蜡蝉发生时，喷施2.5%敌杀死乳油3 000～4 000倍液或20%灭扫利乳油2 000～3 000倍液。

（2）介壳虫发生时，早春椒树发芽前，喷施45%晶体石硫合剂100倍液或97%机油乳剂50～60倍液，要求喷施均匀全面。

（3）生长期蚜虫、介壳虫同时发生时，在介壳早虫雌虫膨大前，喷施24.5%爱福丁乳油3 000～4 000倍液、70%艾美乐

水分散粒剂6 000～8 000倍液或3%金世纪可湿性粉剂1 500～
2 000倍液。

十一、花椒溃疡病

（一）病害特征

花椒溃疡病俗称花椒腐烂病。主要为害树冠下部大枝条或主
干，产生大的溃疡斑（图4-15、图4-16）。该病的病原菌隶属瘤
座孢目，镰刀菌属的一种真菌引起。病斑常环绕树干，造成整体
枝枯死。

主要分布于甘肃省陇南、武都、文县、成县、宕昌和甘南
藏族自治州的舟曲、迭部等地，是仅次于干腐病的又一重要枝干
病害。

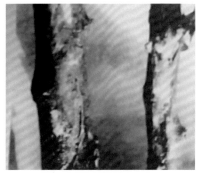

图4-15　花椒溃疡病前期　　　　图4-16　花椒溃疡病后期

（二）发病规律

病菌以菌丝体和分生孢子座在病斑上越冬。每年3月当气温逐
渐回升转暖时开始发病，4—5月为病害发生盛期。4月上旬至5月

上旬，在大型病斑中部逐渐产生分生孢子座及分生孢子偶有枯死枝条出现。到6月，随气温的升高，树皮伤口愈合作用加强后，病斑就停止扩展蔓延。当年所产生的小病斑常常在翌年发病季节继续扩大，而病斑上的繁殖体，特别是已枯死枝条上的病斑所产生的无数分生孢子座，会在第二年产生大量的分生孢子，成为该病的初侵染源。病菌主要通过创伤、修剪等机械伤口以及虫伤（如蜗牛啃伤、天牛蛀孔等）侵入寄主组织。一般大龄椒树衰老椒树都易发生枝干溃疡病。

（三）防治方法

1. 人工防治

及时挖掉死树和锯掉已枯死的病枝，集中烧毁，防止病菌扩散传播。加加强抚育管理，施足底肥，适时追肥，合理灌水及时修剪，促进植株生长，增强抗病能力。

2. 药剂防治

秋末或早春对椒树上的病斑可用40%福美胂可湿性粉剂100倍液或波美3度石硫合剂涂刷，可起到降低侵染源的作用，对其他健树涂干可起到保护作用。对多种伤口（如修剪伤、创伤等）先用1%硫酸铜进行消毒，再涂抹托福油膏或843康复剂，加以保护避免病菌侵入。

十二、花椒穿孔病

（一）病害特征

花椒穿孔病又称花椒细菌穿孔病。该病由野油菜黑腐黄单胞杆菌桃李穿孔变种侵染所引起。分布于甘肃省兰州、定西、天水、陇南等地。除为害花椒外（图4-17），还为害桃李、杏、樱桃、油桃等果树。

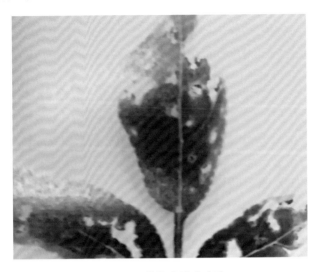

图4-17　花椒穿孔病病叶

（二）发病规律

病原细菌在枝条病组织内越冬，翌年春季随气温转暖病病菌开始活动，开花前后病菌从病部溢出，借风雨和昆虫传播，经叶片气孔侵入。一般5月开始发病，7—8月发病严重。夏季在干旱情况下病情发展较缓慢，秋季多雨季节继续侵染。气温在24~26℃时潜育期4~5天，19℃时为16天，树势强壮潜育期可长达40天左右。温暖多雨或多雾季节有利于该病发生，树势衰弱发病早而且重。

此外，在地势低洼，排水不良，枝叶茂密，通风透光差，施氮肥过多的椒树均易引起发病。早熟品种发病轻，晚熟品种发病重。

（三）防治方法

1. 人工防治

结合修剪，剪除病枝，清除落叶、病果，集中烧毁，减少菌源。加强管理，增施有机肥，避免偏施氮肥；合理修剪，使椒园通风透光，以增强树势，提高抗病能力。

2. 药剂防治

发芽前喷洒45%晶体石硫合剂80～100倍液，发芽后喷洒72%农用链霉素可溶性粉剂3 000倍液、硫酸链霉素可溶性粉剂4 000倍液、60%琥乙膦铝可湿性粉剂500倍液或30%DT可湿性粉剂500倍液，间隔10～15天喷1次，连续喷施3～4次。

十三、花椒缘斑病

（一）病害特征

花椒缘斑病又称细菌性缘斑病、叶斑病、黑腐病。主要为害叶片，一般发病率为30%～60%，发病严重时病株率达80%以上，造成叶片干枯死亡。叶片感病多从叶缘或叶尖开始，形成半圆形或"V"字形病斑（图4-18），有时也有少数发生在叶片中间，形成圆形或不规则形病斑。

病斑初期呈黄色或黄褐色，扩大后病斑边缘呈祸色或红祸色，中间灰白色或灰褐色，外围有较宽的黄色晕环。潮潮湿时，病斑上有黄色菌脓，镜检时有大量云雾状菌脓溢出。严重时每片小叶上有6～10个病斑，并可相互连接成大斑，致使大部分叶片甚至整个叶片枯死。

病由油菜黄单细胞杆菌野油菜黑腐致病变种侵染所引起，

病原属细菌薄壁菌门，假单细胞杆菌，黄单胞杆菌属。分布于于甘肃、陕西、四川等省。此病除为害花椒外，还为害十字花科蔬菜。

图4-18　花椒缘斑病病叶

（二）发病规律

病菌主要随病残体遗留在土中或种子上越冬。翌年病菌从子叶边缘水孔或伤口外侵入，引起发病。成株叶片感病后，病菌在薄壁细胞内繁殖，再迅速侵入维管束，引起叶片发病，病菌再从叶片维管束引起系统侵染。病原菌由果柄处维管束侵入种子皮层维管束进入种子，致使种内带菌；也可混入或附着在种子上，致使种外带菌，进行远距离传播。在多雨天气及高湿条件下，叶缘吐水，叶面结露，有利于病菌侵入；肥水管理不当，造成植株徒长或早衰；寄主处于感病阶段，害虫猖獗或暴雨频繁，易形成伤口，造成发病。

（三）防治方法

1. 人工防治

种植抗病品种或从无病株上采种；加强栽培管理，合理施肥、灌灌水；及时防虫减少伤口；花椒收获后清扫枯枝落叶，集中烧毁，可有效起到防病作用。

2. 药剂防治

（1）花椒育苗时，应及时对种子进行消毒。可用醋酸6mL或硫酸锌29mL，加水1 000mL，溶解后温度控制在40℃，浸种30～60分钟后，用水冲洗3分钟，晾干播种；也可用45%代森铵水剂300倍液浸种20～30分钟，冲洗后晾干播种；还可用50%琥胶肥酸铜可湿性粉剂按种重的0.3%～0.4%拌种，可预防苗期缘斑病的发生。

（2）花椒发病初期，用72%农用链霉素可湿性粉剂3 000～3 500倍液或30%琥胶肥酸铜悬浮剂500～600倍液均匀喷雾，间隔15天喷1次连续喷施2～3次。

十四、花椒丛花病

（一）病害特征

花椒丛花病又称鬼扫帚、鬼穗病。该病主要为害花椒春稍和花序，花序受害后不能开花结果，嫩梢受害后叶片形成各种畸形叶，不久叶片干枯脱落，致使树势衰弱，生长不良。花序感病后，节间缩短，小枝梗丛生，花蕾多且畸形膨大，密集成团（图4-19），致使整个花穗丛生成簇。花器不发育或发育不良，一般不能开花结果，偶尔结果，果实很少且细小。病花穗干枯后，经久不落，仍在枝梢间，形似鬼头，故称"鬼头花"。嫩梢感病后，叶片是各种畸形顺，久叶片干枯脱落成为秃枝。严重时新梢节间缩短，侧枝从生，当叶片脱落后，整个枝梢呈扫帚状，故又称"鬼扫帚"。

图4-19 花椒从花病

（二）发病规律

该病为病毒病。主要传播媒介是麻皮蝽、茶翅蝽等。还可通过种子、苗木的调运而远距离传播。接穗也可以传毒，花粉可能带毒，但不能通过汁液摩擦传染。该病的发生与花椒的品种、树龄、虚浮红的为害和栽培管理等条件有密切关系，一般幼树树比老树易感病；管理粗放、蚱蝉象和木虱等发生严重，树势衰弱的椒园都容易感病。

（三）病害特征

1. 实行植物检疫

禁止从病区采购苗木、接穗和带病种子。新区如果发现病株应及早挖除烧毁，防止扩大蔓延。

2. 人工防治

（1）培育无病菌，从无病椒树上采集种子育苗，或从无病的品质优良的母株上采集接穗进行嫁接育苗。

（2）加强栽培管理。施足有机肥。适当增施磷、钾肥，使树体生长健壮，提高抗病力。

3. 药药剂防治传媒害虫

嫩枝期及时喷药防治蝽象和木虱，减少传病媒介，减轻病害扩大传播。

十五、花椒木腐病

（一）病害特征

花椒木腐病俗称花椒腐朽病、花椒腐木病等。该病由裂褶菌寄生引起，病原属于担子菌亚门，非褶菌目，裂褶菌科，裂褶菌属。广泛分布于甘肃省陇南、天水及甘南部分花椒产区，陕西省凤县等地产区也有发生。除为害花椒外，也为害苹果树、松树等阔叶树和针叶树。

病菌寄生于花椒树干或大枝上，致使受害部位树皮腐朽脱落，露出木质部；同时，病菌向四周健康部位扩展，形成大型长条状溃疡斑。后期在病部往往产生覆瓦状子实体（图4-20），白色或灰白色，上有绒毛或粗毛，扇状或肾状，边缘向内卷，有多个裂瓣。

图4-20 花椒木腐病树干为害状

（二）发病规律

病菌在干燥条件下，菌褶向内卷曲，子实体在干燥过程中收缩，起保护作用。如遇有适宜温、湿度，特别是雨后，子实体表面绒毛迅速吸水恢复生长，在数小时内释放出病孢子进行传播蔓延。病菌可从机械伤口（如修剪口、锯口和虫害伤口）入侵，引起发病。树势衰弱，特别是衰弱的老椒树，抗病能力差，易感病。

（三）防治方法

1. 人工防治

加强椒园管理，发现枯死或衰弱的老椒树，要及早挖除并烧毁；对树势衰弱或树龄高的花椒树，应合理施肥，恢复树势，以增强抗病能力。保护树体，减少伤口，是预防本病的重要措施。

2.药剂防治

发现病树长出子实体后，应立即摘除，集中烧毁，并在病部涂抹1%硫酸铜，或用40%福美砷可湿性粉剂10倍液消毒。对锯口、修剪口，要涂抹1%硫酸铜，或用40%福美日可湿性粉剂100倍液消毒，然后再涂抹波尔多液或煤焦油等保护以促进伤口愈合，减少病菌侵染，避免病害发生。

十六、花椒白色腐朽病

（一）病害特征

花椒白色腐朽病简称白腐病，又名花椒朽木病、花椒立木腐朽病等。该病由稀硬木层孔菌侵染引起，病原属担子菌亚门，非褶菌目，多孔菌科，木层孔菌属。分布于甘肃省陇南南、天水和甘南藏族自治州的舟曲以及陕西省宝鸡、韩城等地。除为害花椒外，还可为害沙棘、栎、柳等林木。

被害树木的木质部呈白色腐朽状。一般情况下，花椒树龄越高，越衰老，发病越严重。病菌通过砍伤、创伤、虫伤、冻伤等处侵入木质部。侵染初期病部木质部颜色变褐，随后病部变为黄白色或灰白色进而引起腐朽（图4-21）。

（二）发病规律

病菌常从伤口侵入，潜育期较长。当花椒树干木质部腐朽达一定程度时，菌丝便通过树节或其他伤口，在树干表面产生担子果，在同株椒树上担子果可产生多次。担孢子数量很大，可随风雨传播危害腐朽病的发病率和腐朽程度随树龄的增长而增加。

病菌的侵染发病条件不太严格。凡是老龄花椒园，常因不合理修剪、整形、乱砍或其他机械创伤，使伤口不易愈合，且易存留雨水，都可引起花椒白色腐朽病的发生。

图4-21　花椒白色腐朽病病干

（三）防治方法

1. 人工防治

加强栽培管理。适时施肥、灌水，合理整形修剪。凡有担子果的病株要彻底拔除，集中一起烧毁，以减少病菌来源，避免扩散蔓延。

2. 药剂防治

春季椒树发芽前，喷洒45%晶体石硫合剂80～100倍液；夏季用40%福美胂可湿性粉剂列100～200倍液涂刷椒树枝干或在秋末花椒落叶后树上喷雾。修剪造成的伤口涂抹托福油膏或843康复剂，起到保护作用，避免病菌侵入。

十七、花椒苗木茎腐病

（一）病害特征

花椒苗木茎腐病又称花椒苗木根腐病（图4-22）。该病是由基腐小核菌侵染所引起，病原属于半知菌亚门，球壳孢目，裂壳孢科，小核菌属。此外，丝核菌等也可引起此病。病害发生分布于全国各个花椒产区，甘肃省陇南、天水等地发生普遍。该病原菌除为害花椒外，还为害柑橘、银杏、松、杉等果树、林木。

图4-22　花椒苗木茎腐病地上部枯死状

（二）发病规律

病菌以菌核和菌丝体在有病苗木上和土壤内越冬。7—8月雨季过后，土温骤升，苗木茎基部常被灼伤，伴随其他机械伤，病菌即从伤口侵入为害。因此，凡是雨季结束早，气温上升快或持续时间长的月份，苗木发病严重。如大水漫灌以及暴雨后不及时排水等造成的灌水、排水不当，也易引起此病的发生。

（三）防治方法

1. 人工防治

（1）雨后及时松土、遮阴，或在行间覆草。高温、干旱时及时灌水降温。灌水时应避免大水漫灌，同时，暴雨后应及时排水。

（2）播种前，应深耕翻土和施用饼肥，通过促进土壤内抗生菌的繁殖来抑制病菌，减轻发病程度。

（3）发现有病苗木，应及时拔除烧毁。并在坑穴中撒布生石灰消毒或换入无病新土。

（4）育苗地内切勿施用未腐熟的肥料，以免因发酵而增高土温伤及地下嫩茎，而且未腐熟的肥料有利于腐生菌的活动，可诱发病害。

2. 药剂防治

如土壤消毒、喷药防治等，可参照花椒幼苗立枯病防治法。

十八、花椒黄叶病

（一）病害特征

花椒黄叶病又名花椒黄化病、缺铁失绿病。该病是由于缺铁而引起的缺素症，属于生理病害（图4-23）。该病分布于全国各花椒产区，以盐碱地和石灰质过高的地区发生比较普遍，尤以幼苗和幼树受害严重。

图4-23　花椒黄叶病病叶

（二）发病规律

花椒黄叶病多发生在盐碱地或石灰质过高的土壤中，由于土壤复杂的盐类存在，使水溶性铁元素变为不溶性的铁元素，使植物无法吸收利用。同时，生长在碱性土壤中的植物，因其本身组织内生理状态失去平衡，使铁元素素的运输和利用也受到阻碍，导致花椒生长发育所需要的铁元素得不到满足而发病。花椒在抽梢季节发病最重。一般4月出现症状，严重地区6—7月开始大量落叶，8—9月枝条中间叶片落光，顶端仅留几片小黄叶。一般干旱年份，生长旺盛季节发病略有减轻。

（三）防治方法

1. 人工防治

（1）选择栽培抗病品种或选用抗病砧木进行嫁接，避免黄叶病的发生。

（2）改良土壤，间作豆科不绿肥，压绿肥和增施有机物，可改良土壤理化性状和通气状况，增强根系微生物活力。

（3）加强盐碱地的改良，科学灌水，洗碱压碱，减少土壤含盐量。早季应及时灌水，灌水后及时中耕，以减少水分蒸发；地下水位高的花椒园应注意排水。

2. 药剂防治

（1）在花椒黄叶病发生严重地区，可用30%康地宝液剂，每株20~30mL，加水稀释浇灌，能迅速降碱除盐，调节土壤理化性状，使土壤中营养物质和铁元素转化为可利用状态，在花椒吸收后，可解除生理性缺素症状。结合有机肥料，增施硫酸亚铁，每株施硫酸亚铁1~1.5kg，或施螯合铁等，有明显治疗效果。

（2）在花椒发芽前喷施0.3%硫酸亚铁、生长季节喷洒0.1%~0.2%硫酸亚铁、12%小叶黄叶绝400倍液，也可有效防治黄叶病。用强力注射器将0.19%硫酸亚铁溶液或0.08%柠檬酸铁溶液注射到枝干中，防治黄叶病效果较好。

十九、花椒冻害

（一）病害特征

在越冬期间或春季花椒嫩梢期，因极端天气引起气温急剧下降，树体全部或局部的温度降至冰点以下，细胞间隙结冰导致花椒树组织伤害或死亡，称为花椒冻害。冻害包括枝干冻害、春霜冻（花序冻害）害、根系冻害。枝干受冻后，树皮常发生纵裂，轻者伤口还能愈合，严重者，露出木质部且不易愈合，裂皮翘起向外翻卷（图4-24），被害树皮常易剥落。花椒树冬末春初，遇强冷空气侵袭，降温过猛，往往造成花椒减产或绝收。

图4-24　花椒冻害枝条受害状

（二）发病规律

冻害的种类主要包括两大类，一类发生在越冬期间，由于强烈降温或持续低温所造成的冻害。这类冻害主要表现为树体、枝干、根系冻害，其中，枝干冻害对生产威胁大，影响范围广。另一类是秋冬或冬春季节交替时，由于剧烈降温引起的霜冻，前者为秋霜冻，后者称为春霜冻（倒春寒）。

花椒发生冻害的临界温度，越冬期间幼树的临界温度为-20～-18℃，10年以上的大树可耐-23～-20℃低温。花椒嫩芽生长期出现0℃以下低温或低于3℃气温连续3天以上，新生嫩芽将受害。开花期最低气温低于2℃或日气温降幅大于6℃，花芽将受害。

（三）防治方法

1. 预防措施

在寒流来临前，采取应急预防措施，可以提高椒园气温，使花椒免受冻害；也可以缓和急剧降温或升温对花椒树带来的不利影响，从而避免或减轻冻害。

（1）加强田间管理

花椒采收后及生长的后期要注意及时施肥，控制好氮肥的使用量，增施磷钾肥，做好病虫害的防治工作，增强树势。入冬前用稻草或作物秸秆对花椒幼树进行包扎保暖防寒。

（2）灌水、喷水

在霜冻前2～3天进行灌水喷水，通过灌水改变土壤水分含量，减慢树体近地面气层处温度变化速度，减轻树体因温度剧烈变化引起的寒害程度。

霜冻发生期连续对树体喷水，减慢和树体温度变化速度，一般霜冻每隔15～30分钟喷1次，严重霜冻，可每隔7～8分钟喷1次。

（3）熏烟

运用硝铵、锯末3：7的比例进行配置制成烟雾剂，每亩[①]用量3kg，点燃熏烟使椒园上空（20m以内）被烟雾层笼罩。可以减少地面的散热，并且提高椒树树冠近地气层温度1～2℃，熏烟堆的点火时间应根据天气预报在椒园气温降至3℃以下时进行。

（4）喷防冻药

喷防冻药主要使用防冻剂、高脂膜等来减少树体的蒸发量，防止冻害的发生。还可应用植物生长调节剂，喷施防冻剂、比久、萘乙酸钾盐等来延迟花椒的开花期，避免花椒在花期受到冻害。

（5）树干涂白

用生石灰1份、多菌灵0.1份、水20份加黏着剂制成的涂白剂

---

① 1亩≈667m²。全书同

或者晶体石硫合剂30倍液来进行树干涂白，可以有效延迟早春初树液流动，推迟树体花、叶、芽萌发4~5天。

2. 补救措施

发生冻害后应尽快采取补救，尤其是树干出现冻害时，要及时灌水或者喷施生长调节剂，保证前期的水分充足，补给养分，确保树势的恢复。在萌芽前后要剪去受冻而枯死的树梢，剪后伤口要及时的涂抹保护剂，减少水分的蒸发，防止病虫的侵害，增强树体的抗逆性。

第五章
花椒主要害虫防治

一、花椒跳甲

（一）为害特征

成虫主要取食花椒的嫩叶或叶柄，一般先从叶缘取食，造成叶片缺刻，也有的是从叶片中间取食，使叶片形成孔洞。幼虫孵化后大多钻入叶内取食叶肉，仅留上下表皮，远远望去椒树一片枯焦，引起椒树二次发芽，耗尽营养，造成减产甚至绝收。部分

图5-1　花椒跳甲为害状

幼虫孵化后直接蛀入花梗或叶柄为害嫩髓，致使复叶、花序萎蔫下垂，继而变黑枯萎（图5-1），遇风则跌落地面。还有部分幼虫钻蛀幼嫩椒果为害，使果实变空，提早脱落。幼虫蛀孔处常有黄白色半透明的胶状物流出。幼虫可多次转移为害，老熟后跌落地面，潜入土内化蛹。成虫羽化后在椒树树冠下5～10cm的土层内越冬。

（二）形态特征

花椒跳甲成虫的个体很小，其鞘翅都具有金属光泽，但其颜色则因种类的不同而各有不同。橘啮跳甲为橘黄色，红胫跳甲为翠绿色，铜色跳甲为古铜色（图5-2），而蓝橘潜跳甲为紫蓝色。

图5-2　铜色花椒跳甲

（三）防治方法

1. 农业防治

5月中旬，随时检查椒园，发现有萎蔫的花序和复叶要及时剪除，集中烧毁或深埋；6月上中旬对椒园进行中耕灭蛹；花椒收获后彻底清除树下的枯枝、落叶和杂草，并刮除椒树的老皮和翘皮，集中烧毁，以消灭越冬成虫。

2. 土壤用药

根据成虫在土内越冬的习性，在成虫出土盛期前，将树冠下的土壤刨松，按每亩用50%辛硫磷乳油或48%乐斯本乳油0.6kg，对水30kg均匀喷洒在树体周围1～1.5m范围内的地面上，然后纵横交叉耙两遍，使药剂均匀混入土内，可有效阻止越冬成虫出土。

3. 树上喷药

在越冬成虫出蛰盛期，5月上旬，可喷施90%晶体敌百虫1 000倍液，或用80%敌敌畏乳油2 000倍液，或用48%乐斯本1 000倍液，或用4.5%高效氯氰菊酯2 000倍液，以消灭成虫。

二、花椒瘿蚊

（一）为害特征

花椒瘿蚊（图5-3）又名肿皮瘿蚊。可使受害的嫩枝因受刺激引起组织增生，形成柱状虫瘿，使受害枝生长受阻，后期枯干，而且常致使树势衰老而死亡。

（二）形态特征

成虫（图5-4、图5-5）。暗褐色，体长2.8～3.2mm，体宽

0.5～0.8mm。触角14节，念珠状，着生长毛，复眼发达，左右合成1个，单眼3个。前翅阔，有4条脉纹，在翅的后缘有一横脉，着生少量毛；后翅退化成平衡棒，在飞翔时起平衡作用。3对足分别着生在中胸和后胸。前、后足长，中足稍短，着一细毛。腹部7～9节，雄虫尾部着生阳茎和抱握器；雌虫尾部内着生1个钢针状的产卵管。

图5-3　花椒瘿蚊

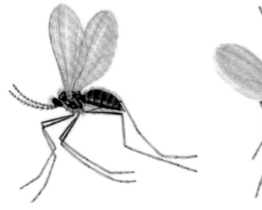

图5-4　雌成虫

图5-5　雄成虫

（三）防治方法

（1）剪去虫害枝，并在修剪口应及时涂抹愈伤防腐膜保护伤口，防治病菌侵入，及时收集病虫枝烧掉或深埋，配合在树体上涂抹护树将军阻碍病菌着落于树体繁衍，以减少病菌成活的率。

（2）肥水充足，铲除杂草，在花椒花蕾期、幼果期、果实膨大期各喷洒一次花椒壮蒂灵，提高花椒树抗病能力，同时，可使花椒皮厚、椒果壮、色泽艳、天然品味香浓。

（3）药剂防治。在花椒采收后及时喷洒针对性药剂加新高脂膜增强药效，防治气传性病菌的侵入，并用棉花蘸药剂在颗瘤上点搽，全园喷洒护树将军进行消毒。

三、花椒蚜虫

（一）病害特征

蚜虫对花椒树的为害不仅成了全局性问题，而且成了灾难性问题。抽样调查，芽、叶、嫩枝受害率达86.3%，叶片卷曲成团率达73.6%，落蕾率达62.4%。因蚜虫是以成、

图5-6　花椒蚜虫为害状

若虫群集叶背面及嫩梢上刺吸汁液，不仅使叶片卷曲成团（图5-6），而且严重影响了花椒树的生长发育和光合作用及开花坐果，最终可使花椒减产20%～30%，严重时可减产50%。

（二）形态特征

成虫体长1.5～2.6mm，分有翅和无翅2种类型。体色因种类不同和季节变化，有黄色、黄绿色、灰绿色、墨绿色、红褐色等类型。头部较小，腹比较大，呈椭圆球状（图5-7）。

图5-7　花椒蚜虫

（三）防治方法

（1）坚持早治疗，在为害发生的重灾区，应在发生初期，重点喷药防治，忌防有蚜无蚜全面喷药杀伤天敌的弊病。

（2）同时在有条件的地方可饲喂天敌进行生物防治。

（3）选用烟碱类药剂，如吡虫啉、啶虫脒、烯啶虫胺、噻虫嗪、噻虫胺、呋虫胺、噻虫啉等加长效性药剂比如氯氟氰菊酯、联苯菊酯、丁硫克百威等，加渗透剂（有机硅）交替喷雾防治。

（4）把主干黑皮用小刀子刮去，用噻虫嗪按擦刮皮的一圈，4～5天后蚜虫退光。

四、柳干木蠹蛾

（一）为害特征

柳干木蠹蛾幼虫在根茎、根及枝干的皮层和木质部内蛀食，形成不规则的隧道，削弱树势，重者枯死。

（二）形态特征

成虫（图5-8）体长25～40mm，雄蛾翅展45～60mm，雌蛾70～85mm。体和前翅灰褐色，前翅外缘及中央淡灰色，翅面密布许多黑褐色条纹。雌虫体长25～40mm，翅展68～87mm；雄虫体长23～34mm，翅展52～68mm，体粗壮，灰褐色，前翅灰褐色，翅面密布许多黑褐色条纹，亚外缘线色、明显，外横线以内中室至前缘处呈黑褐色大斑是该种明显特征。后翅浅灰色，翅面无明显条纹。成虫翅缰由11～17根硬鬃组成。中足胫节1对距后足胫节2对距，中距位于端部14处，后足基跗膨大，中垫退化。老熟幼虫（图5-9）体长70～90mm，头黑色，体背红褐色，腹面色稍淡，各节有瘤状小突起，上有短毛。尾足有黑褐色钩状附属器。扁筒形。初孵幼虫体长3mm左右，老龄幼虫体长63～94mm。胸、腹部背面鲜红色，腹面色稍淡，头部黑色，前胸背板骨化，褐色，上有一个浅色"B"形斑痕：幼龄幼虫该斑痕黑褐色，5龄以后变浅。腹足深橘红色，趾钩三序环状，趾钩数为82～95个；臀足趾钩双序横带，趾钩数19～23个。

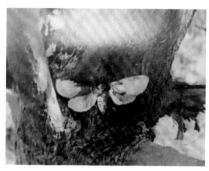

图5-8　柳干木蠹蛾成虫

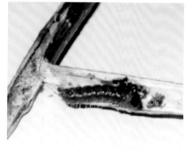

图5-9　柳干木蠹蛾幼虫

（三）防治方法

（1）及时挖除枯死木和虫害严重木，并运出处理以减少虫源。

（2）成虫羽化产卵盛期，喷洒50%杀螟松或50%倍硫磷乳剂400～500倍液于干基，以杀卵或初孵幼虫。幼虫为害初期人工挖除皮下群集幼虫，毒杀初侵幼虫。秋冬季树干涂白防止成虫产卵。

五、缝斑叶甲

（一）为害特征

缝斑叶甲又名杨叶甲、杨大叶甲、杨金花虫、赤杨金花虫等，属于鞘翅目，叶甲科。该虫分布于全国各地，西北地区发生普遍。除为害花椒（图5-10）外，还为害葡萄、杨、柳等果树、林木。

（二）形态特征

成虫（图5-11）体长11mm左右，最宽处6mm左右。体呈椭圆形。背面隆起，体蓝黑色或黑色，鞘翅红色或红褐色，具光泽。中缝顶端常有1小黑点。头、胸、小盾片、身体腹面及足均为黑蓝色，并有铜绿色无泽。头部有较密的小刻点，额区具有较明显的"Y"形沟痕。前胸背板侧缘微弧形，前缘内陷，肩角外突，盘区两侧隆起。小盾片呈舌状，较光滑。翅鞘沿外缘上翘，近缘有粗刻点1行。触角11节丝状，长不达体长1/2，稍扁，第1节粗大，第2节短小，3~5节较长，6节后渐膨大呈棒状；触角基部互相远离；复眼黑色，前胸背板蓝紫色，前缘呈弧形凹入，两侧弧形有边缘。

图5-10　缝斑叶甲为害状

卵橙黄色，长椭圆形长2mm。

幼虫（图5-12）体长15~17mm，头黑色，胸腹部白色略带黄色光泽。前胸背板具1对弧形黑斑，各节具成列黑斑，以体背两列黑斑大而明显，中、后胸两侧各具黑肉刺突1个，腹部各节两侧气门上、下线处也各具1黑色疣状突起，但稍短平。尾端黑色，腹面具伪足状突起。

蛹长约10mm，金黄色。

图5-11　缝斑叶甲成虫

图5-12　缝斑叶甲幼虫

（三）防治方法

1. 人工防治

花椒园附近禁止栽种杨、柳等寄主树木，减少宿主，缩小活动范围，以减轻对花椒的为害。冬、春季清扫或铲除椒园内的杂草、落叶，集中烧毁，可消灭部分越冬成虫。利用成虫的假死习性，早春越冬成虫，上树为害时，人工振落捕杀，或利用成虫产卵成堆的习性，人工摘除卵块，集中深埋或烧毁。

2. 药剂防治

成虫和幼虫发生为害期，可用80%敌敌畏乳油1 000～1 500倍液、50%辛硫磷乳油1 000倍液、4.5%高宝乳油2 000倍液或2.5%天王星乳油2 500倍液，树上均匀喷雾，或钻入土中越冬。

六、柳蓝叶甲

（一）为害特征

柳蓝叶甲，别名柳蓝金花虫。分布于我国东北、华北、西北、华东等地区以及河南、湖北、贵州、四川等省。柳蓝叶甲成、幼虫取食叶片为害，群居将叶片食成缺刻或孔洞现象，发生严重时，叶片成网状，仅留叶脉，幼树发生严重（图5-13）。

图5-13　柳蓝叶甲为害状

（二）形态特征

成虫（图5-14）体长3～5mm，近椭圆形，体深蓝色，带金属光泽，背面呈凸状。触角基部5节深棕色至棕红色，其余黑色。触角1～6节较细，前胸前缘呈凹陷状。小盾片黑色，光滑。鞘翅肩瘤显突。体腹面黑色。

图5-14　柳蓝叶甲

卵长0.8mm，椭圆形，橙黄色。幼虫长6mm，灰黄色，体扁平，头黑褐色。前胸背板两侧各有1大褐斑。中胸背侧缘各1黑褐色乳突；亚背线上方2黑斑。腹部1~7节气门上线各1黑乳突，下线各1生刚毛2根的黑斑；腹面各节有黑斑6个，均生毛1~2根。蛹长4mm，椭圆形，腹背有4列黑斑。

（三）防治方法

1. 人工防治

花椒园附近禁止栽种杨、柳等寄主树木，减少宿主，缩小活动范围，以减轻对花椒的为害。冬、春季清扫或铲除椒园内的杂草、落叶，集中烧毁，可消灭部分越冬成虫。利用成虫的假死习性，早春越冬成虫，上树为害时，人工振落捕杀，或利用成虫产卵成堆的习性，人工摘除卵块，集中深埋或烧毁。

2. 药剂防治

成虫和幼虫发生为害期，可用80%敌敌畏乳油1 000~

1 500倍液、50%辛硫磷乳油1 000倍液、4.5%高宝乳油2 000倍液或2.5%天王星乳油2 500倍液，树上均匀喷雾。

七、花椒凤蝶

（一）为害特征

花椒凤蝶又名黄黑凤蝶、柑橘凤蝶、春凤蝶、黄波罗凤蝶、黄纹凤蝶，俗称花椒虎、黄凤蝶。分布于全国各花椒、柑橘产区。主要为害花椒、山楂、柑橘、黄菠萝等植物。

花椒凤蝶幼虫对花椒叶片危害很大。幼虫孵化后先食卵壳，然后食害芽和嫩叶及成叶，一生可取食5～6片叶。如果虫害大范围发生，会直接影响花椒的品质和产量。幼虫遇惊时伸出臭角发出难闻气味以避敌害，老熟后即吐丝作垫头斜向悬空化蛹。

（二）形态特征

成虫体长18～30mm，翅展长66～120mm，体黄绿色，背面黑色条纹（图5-15），此蝶有春夏两种，夏形大带深黄色，春形体小，幼虫初令黑褐色，头为黄色，老熟时全体绿色（图5-16）。蛹体长约30mm。身体淡绿色稍呈暗褐色，头部两侧各有1个显著的突起，胸背稍尖起（图5-17）。

图5-15　凤蝶成虫　　图5-16　凤蝶卵　　图5-17　凤蝶蛹
　　　　　　　　　　（左）和幼虫（右）

（三）防治方法

（1）人工防治。秋末冬初及时清除越冬蛹。5—10月人工摘除幼虫和蛹，集中烧毁。

（2）药剂防治。幼虫发生时，喷洒80%敌敌畏乳油1 500倍液、90%晶体敌百虫1 000倍液、20%杀灭菊酯3 000倍液、2.5%保得乳油2 000倍液或4.5%高保乳油2 500倍液。

（3）生物防治。

①以菌治虫：用7805杀虫菌或青虫菌（100亿/g）400倍液喷雾，防治幼虫。

②以虫治虫：将寄生蜂寄生的越冬蛹，从花椒枝上剪下来，放置室内，寄生蜂羽化后放回椒园，使其继续寄生，控制凤蝶发生数量。

八、花椒窄吉丁虫

（一）为害特征

花椒窄吉丁虫主要以幼虫取食韧皮部，以后逐渐蛀食形成层，老熟后向木质部蛀化蛹孔道，成虫取食椒叶进行补充营养（图5-18），被害树干大量流胶，直至树皮腐烂、干枯脱落，严重影响营养

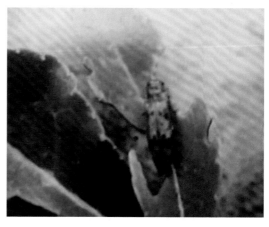

图5-18 花椒窄吉丁虫为害状

运输，可导致叶片黄化乃至整个枝条或树冠枯死。

（二）形态特征

成虫（图5-19）体具金属光泽。头顶表面有纵向凹陷并密布小刻点。复眼大、肾形、褐色。触角黑褐色，锯齿状，11节，触角周围及触角上生有白色毛。前胸略呈梯形，宽于头部，略宽于鞘翅前缘，前胸背板中央有一圆形凹陷。鞘翅灰黄色，上具4对不规则黑色斑点，翅端有锯齿。腹部背面6节；腹面5节，第一、第二节愈合，棕色。雌虫体长9.0～10.5mm，头、胸黄绿色，鞘翅短于腹末，腹末背板端都突出明显。雄虫体长8.0～9.0mm，头胸黄褐色，鞘翅与腹末等长，腹末背板端都略突出。卵椭圆形，长0.80～0.95mm，宽0.45～0.65mm，乳白色，半透明。幼虫（图5-20）体圆筒形，长17.0～26.5mm，乳白色，头和尾突暗褐，前胸背板中沟暗黄、腹中沟淡黄。体末端具2尾挟，端钝，两侧具齿。蛹初期乳白色，后期变为黑色。长8.0～10.5mm。

图5-19　花椒窄吉丁虫成虫

图5-20　花椒窄吉丁虫幼虫

（三）防治方法

（1）清园消毒。在冬季清理应彻底，将病虫枝叶集中烧毁或深埋，同时，喷3~5度石硫合剂可杀死出蛰红蜘蛛、蚜虫的成虫、若虫，还可预防花椒枝干病害，如流胶病等。

（2）精细管理。合理的修剪是花椒树高产的前提。通过修剪构成一定的丰产树形，及时去除病虫枝，控保持树势健壮，达到优质、高产、稳产的目的。

（3）药剂防治。花椒树发芽前，用48%毒死蜱，加柴油或煤油，按1∶50涂抹树干基部。并将流胶部位连同烂皮一同刮掉，刮至好皮边缘，然后涂抹一层枝腐灵或腐必清保护剂。

九、花椒红蜘蛛

（一）为害特征

花椒红蜘蛛，又称山楂叶螨、山楂红蜘蛛。花椒红蜘蛛吸食叶片及幼嫩芽的汁液（图5-21）。叶片严重受害后，先是出现很多失绿小斑点，随后扩大连成片，严重时全叶变为焦黄而脱落，严重抑制了果树生长，影响当年花芽的形成和翌年的产量。

一年发生6~9代，以受精雌成虫越冬。在花椒发芽时开始为害。代幼虫在花序伸长期开始出现，盛花期危

图5-21　红蜘蛛为害新叶与花序

害盛。交配后产卵于叶背主脉两侧。花椒红蜘蛛也可孤雌生殖，其后代为雄虫。每年发生的轻重与该地区的温湿度有很大的关系，高温干旱有利于发生。

（二）形态特征

花椒红蜘蛛雌成虫（图5-22）体卵圆形，长0.55mm，体背隆起，有细皱纹，有刚毛，分红6排。雌虫有越冬型和非越冬型之分，前者鲜红色，后者暗红色。雄成虫体较雌成虫小，约0.4mm。卵圆球形，半透明，表面润滑，有光泽，橙红色。后产期色彩逐渐浅淡。幼虫初孵化乳白色，圆形，有足3对，淡绿色。若虫体近卵圆形，有足4对，翠绿色。

图5-22 花椒红蜘蛛

（三）防治办法

（1）化学防治。有必要捉住关键时期，在4—5月，害螨盛孵期、高发期用25%杀螨净500倍液、73%克螨特3 000倍液防治。

（2）生物防治。害螨有许多天敌，如一些捕食螨类、瓢虫等，田间尽量少用广谱性杀虫剂，以维护天敌。

十、花椒虎天牛

（一）为害特征

花椒虎天牛（图5-23）又名花椒天牛、钻木虫。幼虫蛀干，成虫食害叶和嫩梢。幼虫从树干的下部倾斜向上钻蛀，进入木质部后沿心材向树干上部取食，致树干中空，树体枯萎，发病严重可导致花椒树枯死。成虫取食叶和嫩梢。

图5-23　花椒虎天牛

（二）形态特征

成虫体长1～24mm，体黑色，全身有黄色绒毛。头部细点刻密布，触角11节，约为体长的1/3。足与体色相同。在鞘翅中部有

2个黑斑，在翅面1/3处有一近圆形黑斑。卵长椭圆形，长1mm，宽0.5cm，初产时白色，孵化前黄褐色。初孵幼虫头淡黄色，体乳白色，2~3龄后头黄褐色，大龄幼虫体黄白色，节间青白色。蛹初期乳白色，后渐变为黄色。

（三）防治方法

（1）清除虫源。及时收集当年枯萎死亡植株，集中烧毁。

（2）人工捕杀。在7月的晴天早晨和下午进行人工捕捉成虫。

（3）生物防治。川硬皮肿腿蜂是花椒虎天牛的天敌，在7月的晴天，按每受害株投放5~10头川硬皮肿腿蜂的标准，将该天敌放于受害植株上。实践证明，应用川硬皮肿腿蜂防治花椒虎天牛效果好。

十一、花椒蚧壳虫

（一）为害特征

为害花椒的蚧壳虫一般以盾蚧为主，如梨园盾蚧、桑盾蚧等品种。蚧壳虫为害枝干、枝条、叶片和果实。介壳虫往往是雄性有翅，能飞，雌虫和幼虫一经羽化，终生寄居在枝叶或果实上，造成叶片发黄、枝梢枯萎、树势衰退、严重则导致树体死亡（图5-24），且易诱发煤烟病。

（二）形态特征

雌成虫介壳圆形，中央隆起、白色，直径2.0~2.5mm，壳点黄色，位于介壳正面中央稍偏旁。壳下虫体成心脏形，上下偏平，体长约1.0mm，淡黄或橘红色，臀板区深褐色，分节明显，节喙略突出。雄成虫介壳鸭嘴状，长1.3mm，壳点橘红色，位于端首，其余部分蜡质洁白色。

卵椭圆形，长径0.2～0.3mm。初产淡粉红色，渐变淡黄褐色，孵化前为橘红色。

若虫扁卵圆形，淡黄褐色，体长0.3mm左右。触角5节，腹末端具2根尾毛。两眼间有2个腺孔，分泌棉絮状毛覆盖身体。脱皮后眼、触角、足、尾毛均退化或消失，开始分泌介壳，第一次蜕皮负于介壳上，称为壳点。

图5-24　蚧壳虫为害状

（三）防治方法

1.农业措施

（1）冬季清园，清除枯枝落叶和杂草并集中销毁，减少蚧壳虫越冬场所。

（2）刮除花椒伤口、破皮处等地的老皮。

（3）加强园区管理，及时施肥、灌水、除草、修剪，增强树势，创造不利于介壳虫活动的环境。

2. 化学防治

（1）在若虫盛期喷施国光必治，隔7～10天喷1次，连续2～3次。

（2）在下桩后，使用"国光松尔膜+必治"涂刷主干，持效期更长，防效更好。

参考文献

满昌伟，姚小军，张玉新. 2015. 香科蔬菜高产栽培与病虫害防治[M]. 北京：化学工业出版社.

魏安智，杨途熙，周雷. 2012. 花椒安全生产技术指南[M]. 北京：中国农业出版社.

谢寿安. 2017. 花椒丰产栽培及病虫害防治实用技术[M]. 杨凌：西北农林科技大学出版社.

张炳炎. 2006. 花椒病虫害诊断与防治原色图谱[M]. 北京：金盾出版社.